JIANSHE GONGCHENG
HETONG GUANLI SHIJIAN

建设工程合同管理实践

冯清亮　编著

U0385728

中山大学出版社
·广州·

图书在版编目（CIP）数据

建设工程合同管理实践/冯清亮著. —广州：中山大学出版社，2013.9
ISBN 978 - 7 - 306 - 04690 - 1

Ⅰ. ①建…　Ⅱ. ①冯…　Ⅲ. ①建筑工程—经济合同—管理
Ⅳ. ①TU 723. 1

中国版本图书馆 CIP 数据核字（2013）第 209842 号

出 版 人：徐　劲
策划编辑：李　文
责任编辑：周　玢
封面设计：曾　斌
责任校对：周　玢
责任技编：何雅涛
出版发行：中山大学出版社
电　　话：编辑部 020 - 84111996，84113349，84111997，84110779
　　　　　发行部 020 - 84111998，84111981，84111160
地　　址：广州市新港西路 135 号
邮　　编：510275　　　　　传　真：020 - 84036565
网　　址：http://www. zsup. com. cn　　E-mail：zdcbs@ mail. sysu. edu. cn
印 刷 者：广州中大印刷有限公司
规　　格：787mm×960mm　1/16　10.25 印张　131 千字
版次印次：2013 年 9 月第 1 版　2013 年 9 月第 1 次印刷
印　　数：1～1000 册　　定　价：35.00 元

作者简介

    冯清亮，1982年春季毕业于华东水利学院（现河海大学），并被分配到广州某大型国有企业从事企业经营、管理工作；1993年开始从事多条地铁线路建设的合同管理及地铁房地产建设合同管理工作；迄今为止参与大规模工程建设相关工作已有20年之久，积累了较为丰富的合同管理实践经验。

    作者联系方式如下：
手机：18925006471
电子邮箱：fengql01@163.com

内容提要

　　本书以建设工程土建合同管理为主线，从实际操作的角度详细介绍了建设工程合同的招标准备、招标评标、合同履行、合同变更等全过程合同管理原则及操作要点，观点新颖、通俗易懂、实用性强，便于读者快速掌握合同管理操作要领。

　　本书适合作初涉建设工程管理领域人员和建设工程相关专业学生的参考用书。

自 序

　　刚从大学毕业时，本是学工科的我却从事了企业管理的工作，先是计划统计，后是企业经营，负责经营合同的谈判与签订。对于"合同应如何写?""写什么?""哪些该写哪些不该写?"等问题，当时基本没有相关的辅助资料，因此我只能在困惑中摸索。我也曾羡慕过社会上流传的关于如何在合同文字上做文章，然后仅凭一字之差就能获大利等奇迹。但参加了大规模的地铁建设相关工作后，我明白了合同对方是己方同舟共济的合作者，双方应加强合作、分享合作成果，而不是想方设法掏对方口袋里的钱。

　　考虑到初涉建设工程管理领域者可能有着与我相近的感受，因此本人特将二十几年来在合同管理方面的点滴经验、体会写出来与各位分享。目前，有关建设工程合同管理方面的书籍大多是从法律的解释与应用着手，初入门者可能会觉得比较抽象、枯燥难懂，而本书是从实际编写招标文件入手，逐点解释含义，提醒注意事项，使读者能较快掌握合同管理全程操作要领，由浅入深地逐步理解合同管理工作。

　　本书的编写得到了同事陈玉均、张北雁、熊湘辉、熊嫣君、曹海微、付亮、韩晶晶的指点和帮助，在此对他们表示感谢。

　　因作者水平有限，书中难免有错漏之处，敬请原谅指正。

冯清亮

2013 年 6 月　写于广州

目　　录

第一章　建设工程合同的管理基础

1．建设工程合同的特点

所谓建设工程合同，广义来说就是为了工程建设而签订的所有经济合同，包括设计、监理、勘察、测量、咨询、施工、材料设备采购等类型的合同。其中土建施工类合同涉及的问题最为复杂，范围最广，最具合同管理的代表性。故本书主要是以土建施工类合同为例进行讨论的，关于其他类型合同可以触类旁通。

由于建设工程合同涉及面非常之广、内容千头万绪，经常使得合同管理人员在处理相关问题时头痛医头、脚痛医脚，缺乏方向性，也缺乏合同管理的系统性和统一性。因此我们非常有必要从总体上认识建设工程合同的特点，紧紧把握住合同管理的目标及方向。作者从自身的管理经验出发，归纳出建设工程合同管理有别于其他合同的特点，具体内容如下：

（1）建设工程合同是对预期利益的分配

建设工程合同和普通买卖合同的不同之处，在于建设工程合同分配的是预期利益，而普通买卖合同分配的是既有利益。普通买卖合同就像蛋糕的切分一样，一方切分到的份量大了，另一方得到的份量肯定就少了，故

普通买卖合同中双方各自可获取的利益是此消彼涨、相互对立的。为了各自的利益最大化，双方在交易过程中免不了斗智斗勇、暗中算计，严重的还会发生欺诈行为。

而建设工程合同在签订时预期利益还未实现，形象地说就是蛋糕还没做出来，必须在合作成功、利益实现后，双方才能够按照合同约定享受利益。这就意味着建设工程合同中的双方必须先同心协力把蛋糕做成，然后才能分享，双方的利益关系是一损俱损、一荣俱荣。这个特点使建设工程合同的双方注定必须同舟共济、真诚合作，才能最终分享到合作的成果。所以，在建设工程合同中应该处处体现出双方诚实的合作态度与共赢的愿望。

（2）建设工程合同只是工程建设的管理手段

一项大型建设工程项目，无不经历规划设计、签订合同和工程施工阶段。其中规划设计解决的是做什么的问题，建设工程合同解决的是如何做的问题，而工程施工则是按设计图、按合同要求具体落实而已。建设工程合同就像一条无形的纽带，将利益各方，包括建设业主、设计、监理、咨询、承包商、供应商、服务商等聚拢在一起，在利益的驱动下有序、有效地开展工程建设。这当中，建设工程合同只是工程建设的管理手段，建设质量好、投资合理、工期合理的工程才是工程建设的最终目的。合同管理必须围绕工程建设目的来开展，从是否有利于工程建设的角度来评判合同管理的好坏。相关人员绝不能为了合同管理而管理，拘泥于合同约定而不能自拔，这是建设工程合同管理中常见的误区。如果一份建设工程合同签订后，工程建设顺利开展，合同双方无纠纷，工程项目井然有序地顺利完成，这样的合同管理就是高水平的；如果在工程建设期间，合同纠纷不断，双方吵吵闹闹，工程建设做做停停，甚至打起了官司，惊动了各级领导，这样的合同管理明显是有问题的。

（3）必须与政府保持密切的沟通联系

工程项目的建设，尤其是大中型建设工程项目，除了与建设工程合同中签约各方有关外，还与政府有着密不可分的关系，这是建设工程合同与其他经济合同的明显不同之处。在这里，政府充当着建设市场的监管角色，负责把关工程项目的规划报建、招投标和质量验收。而在地铁建设等大型市政工程项目中，政府又往往充当着投资人的角色，具体下达建设工期、初步设计概算，负责审定工程结算和财务决算。总之，在工程建设过程中政府始终都是最为关键的环节，直接左右着工程项目的建设。所以，工程建设相关方必须非常重视与政府的事前沟通工作，尽力争取政府的理解和支持，切不可抱有可以绕开政府监管的侥幸心理，也不能以手续繁杂、办事时间长为由不依法依规办理相关手续，否则最终吃亏的还是自己。

（4）重视过程风险的影响

建设工程合同由于要考虑到工程项目的建设实现过程，因此合同中除了要包含对双方权利义务的具体约定外，还要充分重视建设过程中客观条件、第三方因素的影响。一项大型建设工程的工期往往需要数年之久，期间难免会遇到不可抗力等诸多因素的影响，如暴风雨、洪水、地震等自然原因的影响，还有人工、材料价格大幅波动的市场原因影响和各类社会事件如征地拆迁、周边环境等人为原因的影响。这些影响轻则扰乱建设工程合同的正常履行，重则可能迫使合同非正常终止。所以，在建设工程合同中必须重点考虑如何识别风险源并采取恰当措施分散、转移风险影响，将风险影响降到最低。风险处理条款不但是建设工程合同中重要的组成部分，而且一定要事先设置，否则一旦风险袭来、造成巨大损失，双方能否继续以冷静、理智的态度恰当地处理风险影响，就成了未知之数，因为这种情况的出现对双方的诚意与智慧都是极大考验。

（5）合同变更常态化

除了以上的风险因素影响外，工程项目在建设期间还会受到其他难以预料的影响。尤其是近年来公众环保意识、维权意识的日益增强，给工程建设带来了更多的不确定性，但无人能在签订合同时就准确预见到将有哪些变化，其结果是工程建设相关事项一改再改，合同变更不断。因此，我们应当以平常心看待合同变更，将其视为合同管理中的正常环节，是合同履行阶段中应对实际情况变化的具体措施。在建设工程合同条款的设置上，我们不是要去考虑如何阻止合同变更的发生，而是要正确疏导它，细化变更方法，明确变更责任的归属规则，公平合理地处理合同变更，不宜简单地以变更内容的多少来评价合同管理过程的好与差。

2. 合同管理工作范围

（1）工作内容

合同管理工作范围主要有两个层面：一是制度层面的管理，包括管理方法、管理细则及管理指引等；二是实操层面的管理，包括合同的产生、合同的履行、合同结束归档等内容。我们通过制定合同管理制度来指导实际操作，通过反馈实际操作中存在的问题来指导管理制度的修订，从而逐

步完善合同管理，提高合同管理水平。

在合同管理制度层面上的主要工作内容如下：

1）合同管理办法。其作用是依照国家法律、行政法规及规章制度的规定，制定本公司的合同管理框架及管理原则，划分内部的合同管理职责及管理界面；

2）合同管理细则。这是按照公司合同管理办法规定，从操作上进一步细化管理原则、各部门的合同管理职责及管理界面。对于小型公司而言，由于组织层次不多，可根据实际情况将此细则与上述的合同管理办法合并；

3）合同管理工作指引。这主要是明确各项管理工作的操作指南，包括工作流程、填报要求、报表格式等的具体规定，是最基础的合同管理工作标准。

在合同管理实操层面上的主要工作内容如下：

1）编制各类业务的合同范本，建立动态、统一的工作文本；

2）编制上报各类合同管理台帐，定期或不定期进行合同管理现状分析，找出问题，解决问题；

3）编制上报招标计划、合同计划；

4）编制、报批招标文件，为招标做准备；

5）组织对承包商、供应商、服务商的资质预审，确定合格投标人；

6）对于达到法定公开招标的项目，按法定程序组织招投标工作，确定中标人；对于未达到法定招标规模的项目，按内部流程组织竞价或直接谈判，确定中标人；

7）与中标人进行合同澄清谈判，进一步细化招标文件、投标文件中个别原则、承诺的可操作性；

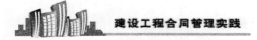

8）根据招标文件、投标文件及合同澄清文件编写、报批合同文件；

9）双方办理合同文件的签订手续；

10）办理各类保证金、保函的验证、接收与退还；

11）办理合同履行过程中的收付款审核；

12）办理合同变更与价格调差；

13）处理合同纠纷；

14）办理合同工程结算及合同结束手续，配合财务决算；

15）办理合同档案资料的归档。

（2）合同管理工作界面划分

合同管理是全员性的管理工作，合同管理部门、工程技术管理部门及其他管理部门都在各自工作岗位上分头负责着合同管理工作，因此应明确各部门之间的合同管理工作界面。合同管理工作界面划分的原则，一是要充分发挥各部门的专业特长，扬长避短，使管理效果最佳；二是要使部门之间的界面最小，没有职责交叉，避免部门之间扯皮。故作者建议工作界面的划分模式如下：

工程技术管理部门负责工程技术管理方面的内容，如编写招标文件时负责编写设计管理、质量管理、工期管理等条款，负责编写技术需求书。其在合同履行阶段负责现场管理，负责审核工程质量、工程进度和合同款项支付，主持设计变更审查。

合同管理部门则主要编写招标文件中的商务条款、工程量清单等文件及负责招标文件的最终统稿，负责主持招标，负责合同签订。其在合同履行阶段，主要负责审核合同款项支付，主持合同变更审查，主持合同的工程结算。

这样，我们就可保证每一份合同中，无论是技术、经济还是商务条款，都集中融合了公司内的最高智慧与经验，充分保证了合同质量；而由合同管理部门统一负责合同的招投标及合同签订工作，可避免因对招投标程序不熟悉造成的违法违规现象，并减少返工现象，大大提高办事效率。

3. 合同管理组织架构

合同管理与其他管理一样，都需要与之相适应的组织架构作为最基本的管理条件，使得人与事达到理想匹配状态，管理效果达到最佳。合同管理组织架构应如何设置才是合理的呢？虽然不同公司有不同的做法，但总的原则无非是这么两条：一是保证管控质量，不使管理失控；二是保证工作效率，满足工程进度需求。二者缺一不可。

首先，从保证管控质量方面考虑，在组织架构上应分别设置执行层与监督层，形成有效的制约机制。执行层按公司规定全权负责独立操作，监督层负责全程监督及事后评估。监督功能必须与执行功能完全分离，各司其职，才能保证相互制约效果。监督层的形式可依不同公司、不同监管要求而不同，不强求千篇一律。对小公司而言，经理层就是监督层，各业务部门是执行层；对大公司而言，监督职能部门就是监督层，业务部门是执行层；对于政府投资的大型市政项目而言，政府职能部门是监督层，政府委托的建设业主（公司）是执行层。此时从政府的角度看，公司内部的监督层和执行层，都是执行层，是内部的自律、自控机制而已。

而在制约机制方面常犯的毛病是监督层与执行层不能完全分离，监督层既有监督功能，同时又有执行功能，监督与被监督的角色集于一身，出现了角色冲突、利益冲突。而冲突的结果就是监督功能丧失，就如会计兼出纳、裁判员兼运动员一样，是管控的一大禁忌。

再者，从提高工作效率方面考虑，应平衡好各部门的管理工作量，减少管理接缝（主要是部门与部门之间、岗位与岗位之间的管理接缝），任何管理接缝之处都是管理信息交流受阻、信息丢失的地方。由于每个部门人数有限、工作时间有限，使得部门的管理能力也是有限的。如果部门的业务管理范围很宽，则业务的管理深度就不会深；如果部门的业务管理范围较窄，则管理深度就会深入些。这就是在管理能力一定时，管理宽度与管理深度的变化关系。因此，当公司业务规模不大时，合同管理部门可承担起全部合同管理工作。这样做的好处是部门之间管理接缝极少、效率高、合同管理更为专业化。当公司业务规模较大时，合同管理业务量远超合同管理部门的管理能力，合同管理部门应集中精力抓好宽度上（即面上）的管理，由工程技术部门承担深度上的管理。这样做的好处是能在总体上做好管控，而且不需大幅增加合同管理人员；不足的是管理接缝多，还要花很大精力不断提高工程技术部门人员的合同管理素质。

同样道理，对于合同管理部门内部的管理分工，也要充分考虑到每个岗位的专业管理宽度与深度的问题。如果每个岗位只管理一个专业业务的话，优点是专业管理素质高，管理深度深；但缺点是各岗位之间管理接缝多，所需协调量大。同时由于专业化后，话语权集中在少数人身上，部门监督力减弱，容易滋生廉政风险。再者，因为建设工程的各个专业施工是轮番上阵的，先是前期工作，再土建，然后是装修与机电设备安装。在前期阶段只是负责前期业务的人员在忙，其他专业管理人员在等；在土建阶段只是土建业务人员在忙，其他专业人员在等。各专业的人力资源不能互补，明显造成了人力严重忙闲不均。因此专业管理宽度应适当加宽，如每个岗位可管理两个及以上专业业务，使管理接缝减少，人力可部分替补。

但这样对员工的业务素质要求也高了，部门必须长期加强员工素质的培训。

4．合同管理人员的素质

从建设工程合同管理人员从事的业务来分析，合同管理涉及到工程技术、造价、法律、财税等专业知识，相关人员还必须具备良好的组织管理能力、文字表达能力和语言表达能力，对其综合能力要求较高，最好是复合型人才。从建设工程合同的日常工作内容来看，大部分都是工程管理、造价管理方面的事情，真正涉及诉讼的不多（可能与国情有关）。因此，工程技术专业出身或造价专业出身的人员从事合同管理将较为容易适应，上手较快。而法律专业出身的人员则应尽快通晓工程技术及造价专业等知识，才能在合同管理中游刃有余。

由于合同管理是为了工程建设这个最终目标而实施的，因此要求合同管理人员应具备着眼大局的意识和从根本上解决问题的能力。如果一味将目光盯在一个又一个细微处，则属于过度管理，有可能因小失大；如果合同久拖不签或各项合同约定迟迟定不下来，总是一谈再谈，越谈问题越多，或是在解决一个问题的同时又生出一个新问题，则属于管理不到位。不论是过度管理还是管理不到位的问题，归根结底都是由合同管理人员业务素质不高所引起的。

5．合同范本管理

大型建设工程项目的特点是合同数量大、种类多。如地铁工程，一条地铁线单是公开招标的合同就有数百份之多。对其中的土建工程而言，其

施工工法有明挖、暗挖、盾构、高架等，不同工法的合同要求都不同；而机电设备类就更多，涉及车辆、电力、通信信号、轨道、环控、电梯扶梯等。管理人员要管理好数量如此之多、专业如此之广泛而且建设工期紧的合同，非采取标准化、信息化的管理手段不可。目前合同管理中最常用的、最有效的标准化管理就是合同范本管理，这能保证合同质量的有效传承与控制。

合同范本管理主要从两个方面着手：一是随时收集工程管理经验教训、政府新的政策要求和公司新的管理要求，及时修订范本内容，使合同范本充分、及时地反映最新管理要求；二是必须保证各合同稿起草人员采用的是最新的合同范本。合同范本的修订工作应由合同管理部门牵头组织，这是合同管理中最重要的基础工作之一。合同范本的修订周期至少每年修订一次，变化大的可随时修订。为了保证合同起草人员采用的是最新的合同范本，应充分利用信息化手段，自动更新最新版本，自动检查合同稿所引用的合同范本是否最新版本，杜绝非最新版本的流传使用。

但须注意的是，我们不必夸大合同范本的作用。合同范本的基本作用只是汇总以前的管理经验和最新管理要求供合同起草人员参考，方便合同编写，提高编写效率，避免重复低级错误而已。我们不应把合同范本提高到法律文书的高度来管理，合同范本本身不具有任何的法律效力，真正具有法律效力的是双方签字盖章生效后的合同。因此，应充分授权合同起草人员有权结合项目的具体情况对引用的合同范本进行必要修改（修改过的部分必须标示出来），以保证最终合同文本的质量。万万不可将合同范本格式化，限制对合同范本的修改，以免本末倒置。

6. 合同信息管理

合同管理不但是全员性的管理，还是全过程性的管理。在审核一笔工程款项的支付时，必须依据有效信息确认工程进度是否达到了合同约定的可支付条件，质量有无问题，合同有否要求对方提供担保，累计已支付额是否已超付，等等，才能最终作出是否同意支付的决策。由此可见，这些实时信息包括了工程、合同和资金方面的信息。信息是否准确及时，直接影响了合同管理的工作质量。因此，必须建立全员性、全过程性的信息系统，由各部门随时收集、上传各类动态信息，确保信息来源全面覆盖。

为了保证合同信息的权威性，应按照"谁产生数字谁负责"的原则进行分工录入。一般来说，招投标信息、合同签定时的基本情况信息应由合同管理部门负责收集与登录，合同履行期间的动态信息须由工程技术部门负责收集与登录，合同款项支付情况由财务部门负责收集与登录。

合同管理工作中的各类进度信息非常重要，如招标、合同签订、款项支付、合同变更、结算等进度信息，对提高工作效率大有帮助，应该系统设计与收集，做到自动分析、自动提醒、自动督促办事进度。随着进度信息的自动化、透明化，除了可明显减少人工管理量外，更是大大加强了各级管理层的督办力度，大幅减少了权力寻租机会。

7. 合作者应具备的共识

当双方坐到谈判桌前商议签订合同事宜时，双方已是合作者了。在双方签订合同并生效后，双方的合作就正式开始。但是，合同的签定并不意

味着一切万事大吉、一帆风顺。在数年之久的建设历程中，免不了会发生双方未曾意料到的事情，严重的甚至会影响到合同的正常履行。此时，合同能否继续履行下去，已经不是取决于合同当初是怎样约定的，而是取决于当前双方的合作共识有多少。共识多，合作信心就足，合作意愿就强，因此合作共识是双方继续合作最重要的基础。合作双方除了必须具备诚实信用、遵纪守法等基本素质外，还应该具备如下的合作共识：

1）公平原则。这种公平并非强调大家责任一样、获利相同，这是合同谈判中经常会出现的误区，也是容易发生争执的话题。在市场经济中，由于市场调控力量的滞后，在任何时候都不可避免地存在着一方为强势、另一方为弱势的现象。当市场供过于求时会形成买方市场，买方强势；当市场供不应求时则形成卖方市场，卖方强势，买卖双方势均力敌的情况是极为少见的。而不同的市场供求关系直接影响到双方交易价格的高低。因此，在合同谈判中，除了考虑各方的权利义务对等外，还一定要结合市场供求现状进行调整，实事求是地签订合同，而不是一味追求形式上的平等。

2）先小人后君子的原则。"先小人"并不是鼓励人们做道德低下的小人，而是指在合同谈判中，双方应客观、坦诚地事先说出各自的要求、期望与担心，解答对方的疑虑，把合作中可能出现的各类问题的细节想深想透，不要把问题留到合同签订之后。我们不必担心这样做会令对方产生不信任的态度，更不能为了所谓的面子以拍胸脯的方式作出保证。事实上，双方不断摆出问题的过程，既是解决问题的过程，也是双方互相认识了解的重要途径。双方每妥协一次，意味着在今后合作中将减少一分矛盾，增加一分共识。"后君子"则指在合同履行过程中，双方应像君子一样胸怀广阔，自觉承担责任，相互理解与支持，全力保证合作顺利进行下去。因为无论事先想得多么周到，人算总是不如天算，总会有一些事情是无法依据合同原则处理的。此时，则需要双方表现君子风度，客观合理地协商解决。

3）约定为王的原则。在我国现行的法律中，尊重双方约定是一项基本原则。只要是双方明确的真实意思表示，法律上都不允许干涉与否定，除非双方约定违反法律规定，违反社会公德，侵害第三方利益，或者双方的约定是在遭受威吓、限制自由的情况下被迫做出的。

因此，双方的约定必须尽量具体明确，一旦约定生效就必须遵守承诺，要有责任感。不得随着客观条件的变化而随意解释修改当初的约定，甚至反悔毁约。

4）人性化合作原则。作者认为，在合同管理方面所谓的人性化可总结为这两点：第一，人不可能不犯错误；第二，人是在犯错误中成长的。

正因为人都会犯错误，所以在制度设计上就不能按照百分之百正确的原则去构思，不能抓着一丁点错误不放，或者任意扩大、推论错误的后果影响。按照百分之百正确的原则建立起的管理制度，必定容不下任何的错误，对任何微小的错误都必须严格纠正，这样就会使纠错成本变得很高。而按照人性化的方法建立的管理制度，只要保证在关键节点上不受人为错误的影响就行，因此纠错管理相对简单。

第二个人性化特点告诉我们，不要因合作方的一点错误就以偏概全，放弃合作，除非确实是出现了原则性、根本性的问题。我们希望合作方无所不能、无所不包是不切实际的，双方都需要在合作中相互学习、相互适应与成长，因此应该给对方成长的机会。

8. 合同管理应与体制相适应

就作者所知，国有企业的合同管理相对私营企业来说复杂些，合同条文也较多，但从风险防范和合同执行效果来看，二者似乎没有太大差异，其原因在哪呢？

以私营企业房地产商为例。出于长期业务发展的考虑，大的房地产商一般会与合作商（包括承建商、供应商、服务商等）建立战略伙伴关系，根据双方合作效果来决定是继续合作还是终止合作。在长期的共同利益驱使下，双方必然尽最大的可能向对方展示自己的诚意，这自然使双方的合作能够建立在自我约束的诚信基础上，同时在此基础上解决双方的合作纠纷。这类自我约束机制就相当于合同上的风险管理及违约管理功能，在订立合同时此部分约定可简单些。故房地产商的合同看似简单，但管理效果并不简单，只不过是将合同管理的部分功能转移到了自我约束机制中实现而已。

而国有企业的合同管理，其特点是就事论事。如招标制度中为了强调公平而不考虑投标人以往表现（虽然近期有些地方开始有诚信评分）。也就是说，不论投标人在以往的合作中表现多么优秀，在下一个工程项目招标时都得同新来的投标人站在相同的起跑线上参与竞争。所以，无论对谁，国有企业对工程项目的一切管理要求都必须全部写在合同上，离开合同，双方就找不到合作基础和约束力了。因此国有企业的合同必须面面俱到，合同文本常常是厚厚的一大叠。

由此可知，不同体制下的管理环境不同，其管理手段与方法也会不同。私营企业的管理环境是

国家法制环境约束 + 自营诚信机制自我约束 + 合同约束

而国有企业的管理环境是

国家法制环境约束 + 合同约束

此模式中企业外部没有诚信自我约束机制，全部由合同约束功能实现，所以国有企业的合同管理必然比私营企业的复杂。

以上两种管理不存在谁好谁差的问题。既然我们国家现阶段存在着不同体制的企业，其管理方法手段也应是多样化的。我们不能盲目地在国有企业中推广私营企业的简单管理方法，也不能要求私营企业推行国有企业的严格管理，否则是典型的削足适履，效果适得其反。无论国有企业也好私营企业也好，管理方法与体制相适应就是好的。但从降低交易成本来看，我们还是非常希望由政府建立完善全国性的诚信体系，简化招标流程与手续，简化合同管理。

9. 律师作用的异同

当双方合同纠纷协调不了需诉之法院寻求法律解决时，双方首先想到的事情，应该就是聘请有经验的律师帮忙打官司了。律师的作用不可小觑，他们在法律方面更专业、更规范。但须注意，和一般的民事官司不同，在建设工程合同的官司中，建设业主与律师的目的并非完全一致，由此可能导致二者所采取的措施与手段有所不同：

对律师而言，他们的最终目标就是打赢合同官司。以合同对方为对手，以法律为依据，围绕合同寻找出对自己有利、对对方不利的约定与事

15

实，驳倒对方。当初签订合同时所有的考虑不周到之处现在都变成了一个个诚信陷阱，不是将自己就是将对方陷进去。当一方赢了的时候，就意味着另一方输了。但输赢的结果对建设工程有何利弊，则是无须关心也是无法关心的。

从建设业主来看，打官司的目的，固然是维护自身权益的需要，但最终还是为了排除干扰促进工程建设的顺利开展。一个合同官司赢了，未必一定是对工程最有利的。再者，合同对方是建设工程的合作者，不是要争得你死我活的对手，打官司的目的无非是要借法律之手制止对方的不利于工程之行为，并非是要整倒对方。

由此可见，律师关注的是个别合同，而建设业主关注的是整个建设工程；律师的目的是赢得合同官司，建设业主是促进工程建设；律师是以合同为凭据评判官司，建设业主是以工程建设为依据评价合同。合同管理人员务必清楚地知道律师与建设业主的上述差异，以便正确理解、运用律师的意见。

第二章 招 标 准 备

按照《中华人民共和国招标投标法》及行政法规中关于公开招标条件的规定，大型建设项目中的大多数合同都是达到了公开招标的条件的，必须通过公开招标方式选定中标人，确定中标价格。只有少数小合同因未达到公开招标条件，而可以按照公司内部管理制度，通过谈判确定合作方和合同价格。因此，熟悉了解招投标制度及其操作流程，有针对性地编写招标文件，成功组织招投标，是合同管理中非常重要的、也是最主要的工作。

1. 招标文件准备

为了促进工程建设市场的透明化，公开、公平、公正地确定中标人和中标价格，2000 年 1 月 1 日起国家正式施行了《中华人民共和国招标投标法》（以下简称"招标法"），明确了招标投标行为的强制性和法律地位。同年，国家计划委员会（现为国家发展和改革委员会）颁布施行了《工程建设项目招标范围和规模标准规定》，明确了施工单项合同估算价 200 万元以上的、重要设备材料采购单项合同估算价 100 万元以上的以及勘察、设计、监理等服务单项合同估算价 50 万元以上的必须进行招标。

广东省（各省亦有类似规定）在 2003 年 6 月 1 日起施行了《广东省实施〈中华人民共和国招标投标法〉办法》（以下简称"省招标办法"），省招标办法中明确了在工程建设、货物采购、服务、特许经营项目中使用国有资金或者国家融资的工程建设项目，施工单项合同估算投资 100 万元以上的，与工程建设有关的设备材料等货物采购单项合同估算价 100 万元以上的，勘察、设计、监理、咨询、劳务等服务单项合同估算价 50 万元以上的，必须采用公开招标方式招标。到目前为止，公开招标方式已经是建设业主选择项目建设承包商（供应商、服务商等）、确定项目建造价格的最主要、最广泛的有效手段。

所谓公开招标，就是招标人依法依规事先设定招标要求、投标条件与评标规则（统称"招标文件"）并向不特定人公开，达到资格条件并有意愿者按规定参与投标，在政府的监督下公开、公平、公正地评选出中标人和中标价。公开招标不仅是政府维护工程建设市场秩序的需要，更是在市场竞争条件下建设业主与承包商之间较为有效的合同谈判方式，这在促进透明有序管理及防止腐败方面作用明显。

招标文件经政府招标行政主管部门批准后对外公布，建设业主对工程项目的所有要求、评标规则就基本确定了（除非依法澄清才能修改），具有法律效力。经依法评标确定中标人和中标价后，双方就必须严格按照中标通知书、招标文件、投标文件的相关承诺执行。可以说，最终建设工程项目的管理效果是好是差，成本能否控制得住，在招标阶段就已定局。因此，招标文件的编写不仅是招标阶段的核心工作，更是整个建设工程项目管理的重中之重，必须十分重视。

（1） 招标策划

公开招标是一项依法进行的严肃工作，建设业主必须在招标前充分做好招标策划，明确招标对策。招标策划的主要内容，就是划分合理标段和确定合理工期。划分合理标段的目的，一方面是使标段具有适当规模，用规模效益吸引投标人，另一方面又要保证有足够多的投标人参与投标，充分竞争。招标策划中，标段内的专业搭配要合理，让承包商发挥最擅长的专业作用；尽量减少施工工序交叉和场地交叉，提高工作效率；减少承包商之间的管理界面，降低管理成本和矛盾；要使税务合理，避免不必要的重复税项及高税率税项支出，以降低成本。而确定合理工期的目的，就是尽量依常规组织实施，避免为了赶工而不得不临时增加设备与措施，避免非正常的分段实施、反复进退场等，以减少不必要成本。下面作者就将标段划分中的一些体会分享如下：

1）承包商不是万能的。从一个施工企业的成长史来看，企业一般是先在某些专业工程方面取得业绩、获得名望后，再带动其他相关专业能力共同发展的。换句话说，当某企业擅长于某个专业领域时，不等同于它在其他专业方面也是同样优秀的，而只能说在某个专业能力上是强项，至于其他专业则是一般，极少有各专业齐头并进的。因此，当标段按单一专业划分时，有利于发挥承包商的专业优势；当标段包含了多专业工程时，承包商的优势与弱势并存，承包商的专业优势将被削弱。

2）标段规模并非越大越好。从成本分摊的角度看，标段规模越大，意味着固定成本分摊比例越低，对降低成本是有利的。但当标段规模大到一定程度后，这种靠扩大规模降低固定成本的效果将越来越不明显，反而是带来了经营上的风险。举一个极端的例子，比如说将整条地铁线设为一

19

个标段的话，首先是招标阶段的竞争性会不够充分，因为这对施工能力、资金能力要求特别高，能满足此条件的投标人太少。再者万一中标人的管理出了问题，其影响是全线的。而且标段划分太大，就很难找到另一个可接替的队伍，造成可替代性差，建设业主将处于进退两难的尴尬处境。

但标段也不宜过细过小。标段过小时，除了上述的固定成本比例将增大外，标段多就意味着会有很多的承包商同时进场施工，这就免不了出现施工场地交叉使用、现场人员和施工设备相互干扰等问题，因此需要在各承包商之间做大量的沟通协调工作，致使管理量大增、效率降低。

3）必须综合考虑建设业主和承包商的协调管理能力。如果建设业主的协调管理能力较强，管理控制得较深，则标段可划分得更专业些，建设业主在此充当了总承包的角色，让承包商能更多地发挥专业优势；如果建设业主的协调管理能力弱而承包商的能力强，则应将标段往大划分，以使大多数的协调管理工作变成承包商内部的事，由承包商内部自行解决；如果建设业主和承包商双方的协调管理能力都弱的话，则建设业主应尽快寻求外部支援，努力提升自身的协调管理能力。

4）保持充分竞争性。按招标法及相关规定，有效投标人不得少于3家，这是确定合法投标人数的底线。一般实际操作中合格投标人数应比底线人数高若干，其目的是可以让足够多的承包商参加投标，以保持充分竞争性，并且在投标人因废标、无效标等原因退出竞争后，招标工作仍能正常进行。在设备采购招标中，不得通过指定厂家、品牌、产品型号或划定不合理的技术指标底线限制招标的竞争性。

5）关注投标人风险承担力。由于任何建设工程项目在建设过程中总免不了会发生一些不同程度的风险，比如地质条件变化、物价大幅上涨及自然灾害等，这时投标人的风险承担力如何就直接关系到了项目能否继续。一般来说，大承包商的风险承担力会强一些（但也并非绝对，如果他在其他项目上已经铺得很大，资金较为紧张时同样会影响到本项目的正常实施），而小承包商的风险承担力相对较弱些。因此，对于主要是大承包商（供应商）参与的标段，其规模可以大些；对于主要是中小承包商参与的标段，则规模可以小些。这样可相应降低因风险承担力强弱不同而造成的风险。

（2）招标的前提条件

招投标是一项在政府招标行政主管部门监督下，招标方与投标方依法进行的交易行为，不得弄虚作假，也不能事后反悔。因此，建设业主必须在具备招标条件时才组织招标，否则若在工作内容未定、标段范围未明、各专业界面未清时就实施招标，会使招标结果有很多隐患，并可能产生不少的合同变更与纠纷。因此我们非常有必要弄清楚招标的前提条件有哪些，以避免事倍功半。在项目立项、可行性研究、资金筹措等条件已具备后，建设业主启动招标的前提条件主要是：

1）项目的总计划已稳定。项目总计划中包含了各个专业的实施工期信息和前后专业工序信息，从关键路线图上可看到该专业工期的松紧情况及与相邻专业工序的衔接要求。

2）项目的招标策划已完成。建设业主已对整个项目做了全面的招标策划，系统地划分了标段，明确了各标段的界面、规模、招标方式、资质条件、工期要求等信息。

3）施工场地已具备。施工场地直接影响到工程图纸能否落地的问题，不可小觑。由于因征地拆迁受阻而被迫修改工程图纸的事屡有发生，所以如果先招标再落实施工场地，可能会发生较大的合同变更。

21

4）施工图纸已完成。施工图纸可提供各分部分项工程的工程量，各类材料设备的数量、型号规格要求，从而使相关人员可编制工程量清单，确定标段的招标控制价。在土建标中，我们还可确定预埋管线及预留孔洞，为安装工程预留施工条件。

在具备以上前提条件后，招标文件各项要素及要求即可确定。如招标项目的承包范围、承包方式、工期要求、工程量清单、允许分包工程清单、标段界面、工程界面等内容；可明确材料设备是甲方采购、乙方采购或是甲招乙供（即甲方通过招标确定供应商及材料价格，乙方负责按建设业主指定的价格向指定的供应商采购），列出详细的采购计划，写出对应的风险处理及违约处理原则。

（3）以编标会的方式组织编写招标文件

建设工程招标文件专业跨度广，涉及内容繁多，如勘察设计、工程管理、材料设备、监理、造价、财务、法律等，对编写人员的素质要求相当高。而实际上管理人员素质参差不齐，很难样样精通。为了弥补此不足，作者建议采用编标会的方式组织编写招标文件，以汇集大家的智慧，集思广益。即在正式编写招标文件之前，用半天或一天时间，组织相关各部门经办人员一起讨论，让大家都能全面了解本标段的重点难点、解决途径和管控思路，在统一的信息基础上确定招标文件的管理原则，真正做到分工合作，这样，编写质量与效率就能大幅度提高。

有些人喜欢采用各部门轮流会签的方式编写招标文件，因其简单、不需组织编标会，但这种编写方法始终存在信息不对称的问题。每个部门经办人员只是掌握与本部门业务有关的管理信息，而无法知道其他部门对本项目的具体管控要求。孤立地来看，各部门编写的内容都没有错，但合在一起后就会产生这样那样的接口问题，甚至内容是相互矛盾的，这会使合同管理部门要花很多时间来协调解决。另一方面，由于此种编写方式是工程部门先提供招标文件稿，在此基础上，合同管理人员、其他部门管理人员再分别会签、提出修改意见，各部门之间是串联式工作的，时间长、工作效率低。而编标会的工作方式是并联式的，各部门能同时掌握全面的信息，同时分头编写，工作效率、工作质量都能明显提高，但需合同管理部门有较强的组织协调能力。

（4）招标文件的构成

招标文件的组成如表 2 - 1 所示。

表 2 - 1　招标文件构成表

名称	主要内容
招标公告	项目概况、投标申请人资格条件、资格评审要求、申请时间
资格预审文件（如有）	评审机构、评审流程、评审标准、确定合格投标人
投标须知	编标、投标、评标、中标、签订合同各项操作介绍
合同条款	中标后将签订的合同格式，含协议书、通用条款、专用条款
技术条件	项目概况、合同范围、工期、工程界面、技术标准等
投标文件格式	投标文件须依照的书写格式与内容
工程量清单	分部分项工程的内容、数量、承包方式等
评标办法	评标委员会的组成、评审步骤、评分规则、确定中标候选人规则
图纸及其他资料	施工图纸、其他附件资料

（5）合同文件解释顺序

合同文件不单指合同条款，还包括招标文件、投标文件、图纸及双方往来的其他文件等，这些文件的产生时间有先有后。为了使合同文件不致于因文件之间的相互矛盾而不能使用，应在招标文件中事先说明这些文件的解释顺序，以确定当这些文件相互矛盾时文件解释的优先顺序。作者建议合同文件的优先顺序是（前面的优先于后面的）：

- 补充协议（如有）
- 协议书
- 中标通知书
- 专用条款
- 通用条款
- 技术条件
- 施工图纸
- 工程量清单及其说明
- 招标文件
- 投标文件

而上述排序遵循的原则是：

1）从时间顺序上看，之后发生的可修正之前发生的。如补充协议签订时间是在原合同之后，当补充协议与原合同内容相矛盾时，应以补充协议为准。

2）从产生来源来看，本可修正末。如工程量清单是在施工图纸的基础上编写的，施工图纸是本，工程量清单是末。当施工图纸内容与工程量清单相矛盾时，应以施工图纸为准。投标文件是按招标文件要求编写的，招标文件是本，投标文件是末。当招标文件与投标文件相矛盾时，应以招标文件为准。

3）从权威性来看，经双方确认的内容可修正单方确认的内容。如招标文件、投标文件都是单方的意思表达，故双方签署的协议书、专用条款优于招标文件、投标文件。当它们的约定相矛盾时，应以协议书、专用条款为准。

应特别注意的是，关于招标文件与投标文件的解释顺序问题，有些范本是约定投标文件优于招标文件的，作者认为这样做对建设业主不公平。因为评标时间只有短短的几天，评委不可能在此十分有限的时间内全部弄清楚中标人的投标文件与招标文件到底有哪些差异，事实上有些问题是在合同履行阶段才由建设业主发现的。如果我们规定投标文件优于招标文件，则建设业主就必须承担由于评审不周带来的所有风险，最终招标的结果可能是低于招标文件要求的。如果规定的是招标文件优于投标文件，则哪怕评审中有问题，最终的合同都不会低于招标文件的要求。

（6）招标公告的编写

招标公告是招标人依法正式向外界公开的招标要约邀请，希望满足资质要求的单位参与本次招标投标。招标公告的大体内容及装订格式如表2-2所示。

表2-2 招标公告内容及装订格式表

名称	主要内容
项目介绍	项目名称、地点、招标人、项目概况、招标内容
报名事项	报名时间、地点、联系方式
资格条件	资格审查方式、报名资格条件
附件	已经批准的资格预审文件、招标文件、评标办法

　　招标公告及招标文件编写完成并经建设业主内部批准后，送政府招标行政主管部门审查。审查通过后由招标行政主管部门在招标网、指定的纸媒上发布建设业主的招标公告内容，网上有效保留时间是5个工作日。本次招标要求做资格预审的，投标申请人须按照招标公告中的要求准备好投标人的资格文件，并按公告中约定的递交日期及时向建设业主递交，经建设业主依法组织审查后确定为合格投标人的才能成为正式投标人参与投标。建设业主不要求做资格预审的，则按公告中约定的日期按时向建设业主报名，直接参加建设业主的投标。

　　在招标公告登出后，建设业主的经办人员应记得将招标公告装订入招标文件中，这在具体操作中经常被忽视。因为招标公告是建设业主关于项目招标的第一个正式对外发布的要求，之后公布的其他招标文件内容精神必须与之相一致，一脉相承。因此，为了让评标专家全面了解建设业主在整个招标过程中曾经公布过的所有要求与承诺，必须在招标文件的开头装订上招标公告内容，以供评标专家参考。

（7） 资格审查文件的编写

对投标人进行资格审查的方式有两种：资格预审和资格后审，可根据建设业主的需求选择使用。

资格预审，是由建设业主组成的评委在政府招标行政主管部门的监督下，于正式招标之前审定合格投标人，只有合格投标人才能参与投标。此方式的优点是建设业主可事先了解能参与投标的合格投标人是多还是少，由此确保招标成功。如果合格投标人数未能达到3家的，可迅速按照招标法规定重新组织招标。缺点是时间长，从刊登招标公告开始至公示合格投标人止，大约需1～2个月。

资格后审，是由评标委员会在正式评标的同时进行资格审查。该方式的优点是省去了资格预审时间；缺点是未能事先掌握投标人意向，而且投标人鱼龙混杂，招标成功性难以保证。如果招标失败，不但浪费了时间，还浪费了开支。

资格审查的内容主要分两部分：符合性审查和实质性审查。

符合性审查是一票否决式的审查，只要申请人的条件符合其中一条，就可认定申请人为不合格投标人。符合性审查内容一般是按硬条件或影响严重的因素设置的，如"文件未盖公章"等，既强调了法律效力问题，又容易判断，评委们不可能出现异议。

实质性审查是在申请人通过符合性审查后，就其实质性的各方面状况逐项审查，采用打分方式评价申请人资格条件的高低。检查内容主要包括法人营业执照、资质证书、类似经验与业绩、财务状况、拟派项目部人员的基本情况及从业业绩、信用状况等，对于不清晰的材料还会要求投标申请人予以澄清。其中，累计分数达到合格分值的即为合格投标人。建设业

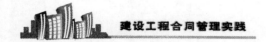

主对合格投标人数有限制的，可按分数由高到低排序选出规定人数的合格投标人。

采用资格预审方式的，在开标时应注意资格的时点问题。一般在资格审查完成后不是马上就安排开标评标，而是还要买标书、编标、投标，这期间需一个月或更长时间。在这段时间内，已被审查合格的投标申请人可能会因各种不可预料的原因出现资质降级、破产、限制投标等问题，导致在开标时点上投标人资格实质上达不到合格条件的状况出现。为了避免因此类问题产生纠纷，在招标文件的评审原则中应明确合格的资格条件是贯穿整个招标过程的，不论在招标过程中哪个时点上出现不合格的情况，都应按不合格投标人的方式处理。不能因为资格预审中曾经宣布过该投标申请人合格，之后就不论发生什么样的负面变化都认为该投标申请人仍是合格的，这是对建设业主的不负责任。

（8）投标须知的编写

投标须知的内容是招投标通用程序的一般性介绍，其作用是让投标人了解投标各个环节的操作规定及注意事项，指导投标人顺利参与投标。如表2-3所示。为了减少编写投标须知的工作量，投标须知应在相当一段时间内不变，保持其通用性，不必每次编写招标文件时都修改一番，而只是在招标程序与要求有所改变时才需修改投标须知。

有关招标项目具体特征的内容不必列入到招标须知中，因为在技术条件中已有详细的叙述。这样可避免在招标文件中多处表达相同的内容，一不小心就会使招标文件内容前后矛盾。这是在编写招标文件时务必加以注意的。

涉及招标的具体事项，如标书出售的时间地点、投标文件递交时间地点、投标截止时间、投标保证金金额及缴交的时间地点、建设业主的招标经办人及联系电话等，应在投标事宜通知中专篇载明，醒目地置于投标须知前面，以防止投标人漏读错读，影响投标。另外，本次招标与以往招标有哪些原则发生了较大变化的，应重点列出，以提醒投标人注意。如表2－4所示。

表2－3　投标须知的大体内容

名称	主要内容
投标事宜通知	标书出售、投标文件递交时间、地点及招标人联系电话等
招标说明	招标程序的总体要求说明
投标资格说明	说明投标人的资格条件
招标文件说明	招标文件内容、澄清及修改
投标文件编制	投标文件的内容、格式、装订、签字盖章等要求
投标价格	报价规定
投标有效期	本次投标文件的有效时间及延期处理流程
投标保证金	缴交、退还与没收的约定
投标文件递交	投标文件密封、递交要求说明
开标与评标	评审、澄清、响应性、错误修正、定标等说明
授予合同	中标通知书、合同签订、履约保证金、合同生效等说明

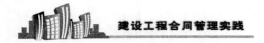

表 2 - 4　投标事宜通知的格式

名称	主要内容
建设业主联系方式	招标人地址、经办人姓名及联系电话
投标有效期	自投标截止日起计的投标文件有效天数
投标保证金	金额，缴交时间、地点及方式
发售标书	发售时间、地点、标书工本价格、图纸押金
投标文件份数	分装要求、份数
标书递交	递交地点、开始时间、截止时间、密封要求
开标	时间、地点

2. 合同条款准备

（1）合同条款的形式

目前，合同条款共由三部分组成：协议书、通用条款、专用条款，可将其称为三部曲。合同条款的解释顺序是：协议书优先于专用条款，专用条款优先于通用条款。"优先"的意思就是前者的约定可否定后者的约定。比如当通用条款约定内容与专用条款约定内容相矛盾时，则以专用条款的约定为准。

协议书通常只是简单记载工程项目名称、双方名称、承包范围、工期、工程项目金额及双方的原则承诺等基本事项，体现的是形式上的合同文件，其中重要的是双方在此文件上的签字盖章。

通用条款则表述了建设工程合同中全部管理约定的内容，或者说是不针对具体项目的通用性管理内容，它表示的是一种工程管理惯例。通用条款包括了质量、数量、工期、违约处理、现场管理、竣工验收、保证金、支付、防避风险、人员管理等管理内容。这对于不了解工程管理惯例的建设业主或初涉工程管理的人员来说是很有好处的，他可以从合同版本中迅速了解工程管理的基本合同要求，掌握惯常做法，从而可以在很大程度上弥补先天不足。因此，投标人必须重视对招标文件通用条款的通读，并将通用条款视为合同文件的重要部分来对待。

专用条款则是针对项目具体情况的具体约定。当需要修改通用条款约定的内容时，则以专用条款的形式来修正，这是一条很重要的修改原则，合同管理人员应牢牢记住。专用条款包括的内容范围基本与通用条款相同。当依据专用条款内容修订通用条款的相应内容时，应该将修改后的条款文段重新完整表述，而不宜仅仅指出修改的具体地方，比如：

当拟修改通用条款中第六条的部分内容时，在专用条款中应是这样写的：

"通用条款第六条修改为：（整条完整表述）。"

不宜改成如下形式：

"通用条款第六条中的'××××××'改为'××××'。"

上文的第二种修改方式，是很难使投标人直接理解该段语句完整意思的。如果专用条款中有多处这样的修改，不但会使投标人感到混乱，连建

设业主自己都会被扰乱思路。

所以，我们应尽量保持合同条款的易读性，保持上下文连接顺畅，从而减少投标人由此产生的错误，这也是提高招标工作质量的途径之一。

（2）合同标的

合同标的是合同中最基本、最重要的要素之一，简单地说就是合同双方权利义务所指的对象。如拟委托承包商负责某栋楼的建筑施工，则该栋楼的施工就是委托施工合同中的标的；拟委托某设计单位负责某座桥的设计，则该座桥的设计就是委托设计合同中的标的。合同标的表述得是否清晰，将直接影响到合同的明确性。有些纠纷的发生就是由于当初双方的合同标的表述不清楚，导致大家对结果的解释各执一词，难以达成共识。

合同标的的内容，一般用承包范围来进一步框定。虽然项目概况中也会包含对标的的描述，但其描述范围往往比承包范围更大，因此应该将项目概况理解为一种背景介绍，以有助于对方对合同标的的进一步了解，不要将二者混淆。只有承包范围才是本合同签订的目的，本合同中所有其他条款都是围绕着如何实施承包范围内容而写的。

对于大型工程项目的合同，其包含的建筑物不止一栋，各栋建筑的具体委托内容也不完全相同，即合同是针对多个对象的。为了有效描述多对象合同的承包范围，作者建议把承包范围理解成一个平面，然后把各个建筑物名称纵向列出，把各个建筑物的工作内容横向对应列出，然后一层一层地用文字描述出来，这样易于完整地说明承包范围的总要求而不易错漏，并且界面清晰、逻辑性强。如：

承包范围：乙方负责 A 栋商品住宅楼的土建施工与安装、B 栋商品住宅楼（不含±0.00以下工程）土建施工与安装、商业楼土建施工。

对于小区的委托设计合同，应逐栋说明其委托设计内容包含了哪几个阶段的设计，是从方案设计、初步设计一直到施工图设计，还是只委托了其中的施工图设计等。如：

承包范围：乙方负责A、B栋商品住宅楼（含围护工程）和幼儿园的方案设计、初步设计及施工图设计，负责商业楼的施工图设计。

对于材料设备采购合同，承包范围在纵向角度指合同包括的各类材料设备、随机附件、易损件或消耗性材料、专用工具、实验仪器和服务等；在横向角度则指对采购的材料设备等是否包括设计、运输、安装、培训、试验、检验、调试、质量保证等内容。

虽然建设工程合同中的工程量清单也有描述合同标的内容，与承包范围具有相同功能，但其作用不同。与承包范围相比，工程量清单对标的的描述更详细，它细化到了所有分部分项项目及其工程量与单价，它是为合同计价而设的；而承包范围一般只描述至合同工程项目的次级项目清单即可，它能大体反映合同工程内容。承包范围与工程量清单二者之间不应存在矛盾，也不应有漏项。决策层一般只关注承包范围的约定，而执行层则更关注工程量清单，因其涉及到合同日后的具体操作，如计量支付、变更、结算等。

（3）承包方式

合同承包方式有合价包干和综合单价包干两种。有工程量清单的项目，承包方式应写入工程量清单中，与项目名称相对应，以清楚地表达哪

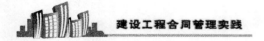

部分是合价包干，哪部分是综合单价包干。无工程量清单的，须注意这种对应关系的表述。

合价包干的含义，指除了合同中约定的可调整价格的条件外，对合同履行期间的合价不予调整。此种方式中，承包商承担的风险最大，而建设业主承担的风险最小。对于缺乏建设管理经验的建设业主来说，可采用此承包方式。采用合价包干的前提条件，就是合同标的清楚、施工图纸齐全、具备施工条件。但应注意，承包商不可能承担无限风险，一是因为目前的政策制度不允许，二是不可能真正实现。承包商在投标时为了中标根本就没有认真考虑风险费用，往往只是象征性地报上少量的风险费，一旦风险真实发生、无法承担时则推卸责任，最终结果还是对建设业主不利。因此，风险分担的原则一定要现实合理，而且由建设业主承担主要风险更为合理。

综合单价包干的含义，指除了合同中约定的可调整价格的条件外，合同履行期间的综合单价不变（综合单价即人工费、材料费、施工机械使用费、企业管理费、利润及部分风险费），投标人只需承担价格变化方面的风险，工程量则按实际发生的计算。综合单价包干方式一般应用在工程量未确定的项目，此方式中承包商承担的风险较小，而建设业主承担的风险会相对大些，而且主要是工程量方面的变化。在建设业主承担了工程量变化的风险后，承包商的报价将相对实际些，这对建设业主是有利的，但必须注意在招标阶段的不平衡报价问题。正由于招标时的工程量还未确定，只是用一个暂定工程量给投标人报价，有经验的投标人就会去判断今后实际的工程量将会如何变化，从而坐收渔利。如果今后实际工程量是减少的，投标报价时就将该项目的单价往小报，使结算调整时尽量少扣总价；如果实际工程量是增大的，则将单价往大报，结算时使得总价大幅增加。因此，为了尽量减少不平衡报价的影响，招标工程量应该尽量接近实际工程量。

（4）转包与分包

国家于 1998 年 3 月 1 日施行的《中华人民共和国建筑法》（以下简称"建筑法"）中规定，禁止承包单位将其承包的全部建筑工程转包给他人，禁止承包单位将其承包的全部建筑工程肢解以后以分包的名义分别转包给他人。

对招标人而言，当初在招标评审时，正是因为中标人具有优势而使其中标，如果中标之后中标人将项目转包或将其中最重要的部分分包给第三方，则会尽失当初招标的意义。而且，层层转包、层层降低价格后，落到最后承包商手上的价格已经不是合理价格，则偷工减料的事情就在所难免了，那么最终受损害的必定是建设业主。因此必须坚决禁止工程转包和主要部分的工程分包。

对于项目中的特殊专业工程部分，如消防工程、高压供电工程等，考虑其行业管理的特殊性，并非任何承包商都具备实施资质或实施条件，可同意其分包，但要在招标文件中列明。对于投标人拟分包的，建议其要在投标文件中列出拟分包的工程名称及分包商名称，并附上双方的分包合作意向书作为支持证明文件一并评审。投标人中标后将分包商名称及其分包工程名称写入合同文件中。对于签订合同之后需分包的项目，应由承包商书面向建设业主申请，经建设业主批准后才能实施分包，但建设业主须从严把关此类申请的审批。

经建设业主同意的分包项目，由分包商向承包商负责，承包商向建设业主负责。分包合同须报建设业主备案，分包出去的工程不得再分包。在

建设业主与承包商的合同中应明确：因承包商原因未能及时向分包商支付相关款项而影响到项目正常进展的，建设业主有权直接向分包商支付款项，并从应付承包商的款项中相应扣除，由此产生的任何经济损失均由承包商负责。避免因承包商与分包商之间的矛盾影响到建设业主的工程建设。

（5）知识产权

招标文件中应要求投标人列出拟应用的专利技术、专利产品等清单，说明其专利情况等，并明确本项目的投标报价已含所有的合法使用该专利或其他知识产权的费用在内，中标人不得再以知识产权方面的理由要求建设业主增加支付相关费用，还要保证建设业主免受第三方在知识产权方面对建设业主的诉讼与索赔。因为如果该专利技术或其他相关受保护的技术是适用的、先进的，则必定具有一定的比较总优势，包括工期、质量、风险、价格优势，从而能在招标竞争中取胜，建设业主不必为此另外增加费用。招标人最终关注的应是工程建设的最终工期、质量、成本，而不是建设过程中采用了什么样的技术。招标人不宜单单为了采用专利技术而采用，尤其是还未经过实践检验的、未成熟的技术。而且按照招标法规定，采用专利技术的工程项目是允许不进行公开招标的，从而会将建设业主摆在外行与内行直接谈判的不利地位上。

在设计、研究、咨询合同中应明确其成果的知识产权属于建设业主。按照《中华人民共和国著作权法》第十七条规定："受委托创作的作品，著作权的归属由委托人和受托人通过合同约定。合同未作明确约定或者没有订立合同的，著作权属于受托人。"由此可见，法律上是将"知识产权归于创作者"做为包底条件来要求的，或者说对于委托创作的项目，如果没有在合同中写明其成果归委托人所有，则法律上自然将该成果的知识产权归于创作者，也就是设计方、研究方或咨询方。既然委托方付出了相应费用，按照公平原则就应获得相关知识产权，否则委托人在今后对该成果的进一步利用、改进、展示等行为中，其权利将受到很大的限制。除此之外，还应强调受托方须履行对第三方负有保密及不扩散的义务。

（6）合同质量

建设合同中约定的质量条款，是建设业主对标的的最终质量要求，并且，有时也包括过程的质量控制要求。目前，国家对建设工程质量管理已形成了一整套较完善的法律法规体系，如《中华人民共和国建筑法》、《建设工程质量管理条例》等，相关人员在合同管理中必须严格执行，不得违反。

《中华人民共和国建筑法》是为了加强对建筑活动的监督管理、维护建筑市场秩序、保证建筑工程的质量和安全、促进建筑业健康发展而制定的，本法于 1998 年 3 月 1 日起施行。主要规定内容包括建筑许可、从事资格、发包与承包、建筑工程监理、建筑安全生产管理及建筑工程质量管理等；而《建设工程质量管理条例》是根据《中华人民共和国建筑法》制定，于 2000 年 1 月 30 日起施行的。条例主要规定了建设单位、勘察设计单位、施工单位、工程监理单位的质量责任和义务，明确建设工程实行质量保修制度，政府建设行政主管部门负责建设工程质量监督管理等。为了使读者对法律法规的规定能有大概的了解，现将法律法规中与合同质量管理相关的规定摘要归纳如下，有兴趣的读者可进一步阅读原文规定，以便系统理解：

1）建设工程必须坚持先勘察、后设计、再施工的原则。

2）从事建设工程勘察、设计、监理、施工的单位应当依法取得相应等级资质证书，并在其资质等级许可范围内承揽工程，禁止挂靠或被挂靠。

3）建设单位应依法招标，不得将建设工程肢解发包。对于不适于招标发包的可以直接发包给具有相应资质的承包单位。

4）禁止转包或违法分包，分包必须经建设单位认可。禁止分包单位将其承包的工程再分包。

5）施工总承包的，建筑工程主体结构的施工必须由总承包单位自行完成。

6）两个以上不同资质等级的单位实行联合共同承包的，应当按照资质等级低的单位的业务许可范围承揽工程。

7）工程监理单位不得转让工程监理业务。

8）建设工程开工前须申请领取施工许可证。申领施工许可证应当具备下列条件：①已经办理建筑工程用地批准手续；②在城市规划区的建筑工程，已经取得规划许可证；③需要拆迁的，其拆迁进度符合施工要求；④已经确定建筑施工企业；⑤有满足施工需要的施工图纸及技术资料；⑥有保证工程质量和安全的具体措施；⑦建设资金已经落实；⑧法律、行政法规规定的其他条件。

9）总承包单位应当对全部建设工程质量负责，分包单位应当按分包合同约定就其分包工程的质量向总承包单位负责，总承包单位与分包单位对分包工程的质量承担连带责任。

10）工程监理单位与被监理工程的承包单位以及建筑材料、建筑构配件和设备供应单位不得有隶属关系或者其他利害关系。

11）施工现场安全由建筑施工企业负责。

12）建筑施工企业对工程的施工质量负责。

13）建筑施工企业必须按照工程设计图纸和施工技术标准施工，不得偷工减料。工程设计的修改由原设计单位负责，建筑施工企业不得擅自修改工程设计。

14）承包单位向建设单位提交工程竣工验收报告时应出具质量保修书，书中明确保修范围、保修期限和保修责任。

15）在正常使用条件下，建设工程的最低保修期限为：①基础设施工程、房屋建筑的地基基础工程和主体结构工程为设计文件规定的该工程合理使用年限；②屋面防水工程、有防水要求的卫生间、房间和外墙面的防渗漏为 5 年；③供热和供冷系统为 2 个采暖期、供冷期；④电气管线、给排水管道、设备安装和装修工程为 2 年；⑤其他项目的保修期限由发包方与承包方约定。⑥建设工程的保修期，自竣工验收合格之日起计算。

如果招标人还有特别质量要求的，如要达到优良工程等，这些必须在合同中明确。国家法律法规、规范标准中没有的或需进一步约定的，合同中可详细撰写，成为双方约定的操作标准与验收标准。

（7）合同数量

有工程量清单的在清单中要表述合同数量，无工程量清单的则要在合同条款中用文字说明合同数量需求，合同数量应尽量与实施的实际情况相符。工程量的计算按照各专业的工程量计算规则执行。

合价包干项目：除了合同中约定的可调整价格的条件外，合同履行期间的合同价格不予调整，风险完全由承包商承担。因此，在招标文件中工程量的计算不需要很准确，而且招标人允许投标人在投标文件中修改这部分的工程数量。但在合同履行阶段，往往因建设业主原因或其他原因需要

变更合同，这时合同价格的调整就涉及到原合同的工程量是多少的问题，即确定合同变更的基数问题。此时的工程量变更基数既不能以招标文件的数量为准（因其当初并不准确），也不能以投标文件的数量为准（防止不平衡报价），而是应以当初设计图纸的设计工程量为准，以此为依据核定工程量的变更量，对双方才是公平的。故在招标阶段，尽管合价包干项目的工程量不需要立刻准确地计算出来，但计算相关工程量的依据（如图纸）是需要完备的。否则一旦发生合同变更，容易因变更工程量如何确认的问题引致合同纠纷。

单价包干项目：此类项目的合同数量是暂定的，结算时按实际发生的工程量计价。在招标阶段，由招标人在招标文件中暂定工程量，投标人必须按此暂定工程量报价，不得修改，以确保评标委员会在同一水平上评价各投标人的报价高低。在合同履行阶段，不论合同变更或结算都是以此暂定数量为基数进行。由此可见，此暂定数量在后期合同履行中起着非常重要的决定性作用。但在实际操作中，招标人在招标时往往不重视此工程量的准确性问题，认为反正是暂定的数量，估算即可，尤其在工期紧、招标急时更是如此，这样就为投标人的不平衡报价提供了机会。因此，单价包干项目的工程量尽管是暂定的，也要准确计算，并尽可能保持图纸的稳定性，使合同工程量与实施的实际情况相接近。

由于工程量清单数量是依据施工图纸计算出来的，那么是否可以直接约定以施工图纸的数量为准呢？作者认为，施工图纸与工程量清单二者的侧重点不同、关注范围不同，应区别应用。施工图纸标示的是项目结果，基本没有过程内容，而工程量清单既有项目又有过程内容。如图纸上要砌一堵墙，只会标示墙的最终尺寸及工艺质量要求；而工程量清单则须列出砂浆制作与运输、砌砖、勾缝、材料运输等过程的内容，还要考虑搭建脚手架的措施等。因此，建议在判断有否漏项上，应以施工图纸为准；涉及项目过程的工程量、材料用量方面，应以工程量清单为准。另外，施工图纸是按专业设计而不是按合同范围设计的，因而同一专业的内容全部列在同一张图纸上，这一张设计图纸上可能既包含了合同范围内的项目，也包括了合同范围外的项目，合同界面不清晰。而工程量清单则是合同管理人员依据合同范围及施工图纸编制的，工程量清单内容即是合同的全部内容，合同界面清晰。由此可见，当在合同中约定"以施工图纸为准"时，经办人员就必须非常清楚此时在图纸上合同范围确实是清晰的才行，否则执行合同时容易产生问题。

（8）工期

对于施工类的工期期限，主要包括关键工期、竣工工期、保修期。

关键工期指合同中较重要的阶段性工程完成时间，是需要努力确保的里程碑式阶段目标工期。如地铁工程中的土建完成时间、通轨通电时间等。它是考虑到与后续专业工程项目的配合衔接而设定的。如果推迟关键工期，就会影响到后续其他专业项目的推进。但要注意，合同中的关键工期不是工程计划上的关键线路工期，后者因进度推进的变化的不同会使关键工序与关键线路时时改变。

竣工工期指项目依法验收合格后可交付使用的工期。竣工工期的完成标志，对建筑工程来说是竣工验收，对服务合同而言是提供了合格的成果或服务期满，通过了建设业主的正式合同验收。这些完成标志应尽量为书面形式，它是合同支付的重要凭证，也是重要的档案资料之一。

建筑工程质量保修期的确定是按照国务院 2000 年 1 月 30 日颁布的《建设工程质量管理条例》规定执行。为了保护建设业主的权益，建设业

主在进度款支付时一般按5%预留保修金，待保修期满后再结清。在保修期内出现属承包商责任的质量问题时，承包商应及时无偿、无条件负责维修，否则，建设业主有权请第三方维修，而维修费用从承包商保修金中扣除支付。因此，应明确双方的联系人和联系方式、维修时限等事项。

服务类合同不需要设立保修期，不需要预留保修金，服务完成后经过建设业主验收即可支付全部费用。

建设工期由于涉及因素多、影响范围广、时间长，工期管理的难度比较大。这具体体现在以下几方面：

1）合理工期难以确定。一项工程项目的建设是否顺利，涉及的因素既有地质、天气等客观条件的影响，也有征地拆迁、周边环境等社会方面条件的影响；既有设计报建、前期工程等的建设业主的原因产生的影响，也有施工组织、施工投入及施工界面等承包商方面的影响。诸多不确定因素交互作用、相互影响，使得工期因素非常复杂。工程工期提前了，是谁的功劳？工期延误了，是谁的责任？事实上是不容易分清的。

2）工期起算时间不明显。因政府的征地拆迁困难，交地进度缓慢，影响到了勘察设计、管线迁改、临时水电敷设等前期工程的按时完成。建设业主无法按合同一次性将场地、水电等施工条件移交给承包商，而是部分移交场地、分步移交施工图纸，最终会使双方因素交织在一起，并由此导致工期起算时间模糊。

因此，合同工期是具有相当程度弹性的控制因素，我们对工期的约定只要大体合理、清楚即可。一般来说，建设业主不需要刻意控制合同工期，应以质量控制、投资控制为重，除非是政府的指令要求。建设业主对工期变更、工期奖励或赶工补偿的处理应谨慎，依据必须充分，责任要清晰。

对土建工程合同而言，合同工期指从具备合同约定的施工条件开始至合同工程项目竣工验收为止的时间。而合同约定的施工条件不同也使合同工期各不相同。如有些是由建设业主负责场地的三通一平，再移交承包商施工；有些是由建设业主负责场地的管线迁改、道路疏解，再移交承包商施工；有些是建设业主按照场地现状移交承包商，由承包商负责管线迁改、道路疏解及临水临电安装等。因此，合同工期不能简单地被拿来做比较，应结合具体的合同约定情况。

对服务类合同而言，由于服务期限往往与服务费用挂钩（如监理费用），所以工期的约定应加以明确。从开始起计的标志到期满的标志以及服务期限的变更条件都应描述清楚，避免双方产生纠纷。在实践中，经常是因建设业主的原因影响了项目的正常工期，为了公平合理，建设业主应根据工期的影响程度给予服务商适当的补偿，因此事先明确工期约定是很有必要的。

对采购合同而言，工期的概念指供应期限。这必须充分结合材料设备的合理生产期、出厂检验与试车期、运输期等因素来合理确定工期，尤其是非标准件的生产期较长，不得不加以重视。有些供应商要求收到定金才安排生产，有些则是收到相当的款项后才发货。建设业主自己的支付审核时间也要计算进去，这些细节都必须充分考虑，使双方约定的工期在操作上是可行的、可实现的。

在项目建设过程中，应实事求是地合理设定工期目标、科学管理、不要人为压缩工期目标，避免造成质量、成本上的损失。如在钢筋混凝土工程中，混凝土的固化时间是在浇注后 7 天可达到混凝土设计强度的 30% 左右，28 天可达到混凝土设计强度的 95% 左右。除非混凝土材料技术有飞跃性的发展，否则任何缩短混凝土固化时间的行为都必将牺牲成品的质

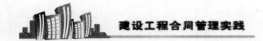

量。在项目设计中，设计人员必须花一定的时间去汇总分析项目资料，吃透建设业主要求，理出项目的设计概念，然后才着手设计工作，并在设计过程中不断修改完善。这些时间是不能省的，也是省不了的，不可能通过人海战术将其无限压缩。而且，工期压缩的结果必然是赶工，从而会造成一系列不合理成本的增加。所以，应慎重考虑任何压缩工期的决定，衡量赶工所要达到的工期目标是否科学合理。有些房地产商在这方面做得较好，他们是以合理工期目标作为考核目标，不管是拉长工期还是压缩工期，只要偏离考核目标越远，扣分就越多，这种科学方法值得借鉴。

（9）现场管理

为了加强建设业主对项目的管理，建设业主一般都会派工程管理人员统一负责现场管理，此现场管理人员即称为建设业主代表。建设业主代表是起着在建设业主与各承包商之间进行沟通协调的作用和现场信息反馈的作用。由于现场管理涉及到工程技术、资金支付、安全等多方面的管理，不可能全都由建设业主代表现场处理，许多批准事项必须是按照建设业主内部的管理流程审批的。因此，在招标文件、合同文件中必须明确建设业主代表的权限范围，清楚划定建设业主与建设业主代表之间的职责分工。

建设业主对建设业主代表的授权权限一般包括（仅供参考）：①对工程实施方案的初步确认；②对实际完成工程量的确认；③对一般安全、质量工作的批准，对重大安全、质量工作的初步意见；④对变更方案、变更事实的初步确认；⑤对支付款项申请的初步确认；⑥相关工作会议的主持、参与；⑦现场协调。

建设业主应该主动向承包商介绍清楚建设业主内部的审批流程和审批时间，这有助于承包商在制定工作计划时能充分考虑其影响，避免在建设业主批准环节产生不必要的分歧。如果在合同上只是笼统地约定某类事情应经"建设业主审批"而又没有明确建设业主代表的具体权限范围的，属于约定不清。因为承包商不清楚"建设业主审批"的含义是指经建设业主代表审批即可还是须经建设业主决策层的批准，这二者在现场管理中是经常会被混淆的，我们必须注意防止这种故意利用建设业主此类管理漏洞进行牟利的行为。所以，在设计相关的报批表格时，凡需要建设业主签字批准的地方，不能笼统地用"建设业主："表示，而应该具体写明建设业主的"建设业主代表："、"××部门经理："或"总经理："字样，并明确审批流程中的具体审批职位级别，要直接将建设业主对审批的授权权限体现在工作表格上，以与建设业主的内部管理流程相对应。

再者，对事项审批的约定应谨慎采用"逾期视作同意"的条款，避免因个别人工作上的小失误导致整个审批把关机制失效，更要防止该条款被恶意利用。

同样道理，凡受建设业主委托，负责现场管理的其他服务商，如监理、代理、设计等，都必须将建设业主的委托授权范围告知相关的承包商，以最大程度减少各方管理工作上的磨擦，避免超越权限的现象发生。

（10）场地管理

在工程施工现场，常常是同时有多家承包商进场施工，这就涉及到建设业主与承包商之间、承包商与承包商之间、承包商与分包商之间的场地使用问题。大家必须在合同中明确施工场地的现场管理要求，确定由总承包商（一般是土建承包商）负责总的场地管理，使各承包商、分包商有序地进入场地、正确使用场地、及时退出施工场地，使各方有效分配利用水电及交通道路资源。对服务合同、采购合同而言，除了监理合同涉及到

办公场地的提供事宜外，其他基本都不涉及现场管理问题。

合同中应明确由建设业主提供的水源位置及管径大小，明确电源具体位置及其功率。一般水源电源由建设业主报装并引至地块红线边，安装上的总水表、总电表由总承包商统一负责管理，统一缴纳费用。各承包商按照施工场地布置方案自行接水电入场地内使用，设置分表，水费电费及分摊费由各承包商负责按期向总承包商缴纳，并按水电费额的一定比例（如5%）向总承包商支付管理费。对于排水，应明确排水前的沉淀措施，防止因大量泥浆堵塞下水道而引起周边居民投诉。

在总承包商未进场前，场地由建设业主负责管理，场地周边的围墙由建设业主负责修建、美化。场地正式移交给总承包商后，由总承包商负责场地的安全措施、文明卫生管理，尤其是施工期间的噪音、污染管理。一定要督促各承包商执行文明施工的相关规定，认真处理好投诉问题，避免因此被政府主管部门勒令停工整顿。

建设业主代表、监理工程师的工地办公场所由承包商在临时设施中安排使用并负责维护管理，费用计入投标报价。合同中须明确办公场地的面积及装修要求、需配备的基本生活用具及办公用具。建设业主、监理工程师只拥有使用权，在工程结束后承包商将拆除临时设施，全部收走这些生活及办公用具。如果建设业主拟继续使用这些临时设施的，其应在合同中明确或与承包商协商，在承包商撤场时无偿保留临时设施及其生活、办公用具，今后，临时设施由建设业主负责拆除。

合同中应明确在竣工后十天内（或双方商议的时间），承包商必须结清水电费用，撤出施工场地，拆除所有临时设施（合同约定或建设业主要求不拆除的除外），搬走所有材料设备，交还场地给建设业主管理。否则将予以严厉处罚（如按场地面积、延期天数计算违约金等）。其目的是防止个别承包商以施工场地相要挟，逼迫建设业主接受不合理的结算要求。这类问题的处理一般历时会较长，肯定会妨害到后续工程的顺利开展。

要重视周围房屋的安全保护。尤其在老城区，老房子密密麻麻，大多毗邻施工场地，基础差，施工期间任何的流水流砂、震动，都可能会导致老房子地基下沉、墙壁龟裂，甚至倒塌，发生安全事故。因此，在招标前应做好周边房屋状况的调查，做好施工前周边房屋的现状公证。对受施工影响较大的房屋要制定具体的安全保护方案，在招标限价中合理安排安全保护费用。在合同中要明确承包商承担施工期周边房屋的安全保护责任，促使承包商采取措施加固危房，临时安排居住人员撤离，并注意在施工中采用减震措施，加强对周边房屋的监测。

（11）隐蔽工程

对隐蔽工程条款的描述，重点在于隐蔽工程的及时验收方面。在招标文件、合同文件上应明确隐蔽工程的验收时限，以约束双方的行为，防止影响工程进展。一般在接到承包商的隐蔽工程验收通知之日起 2 天内，监理或建设业主就应组织验收，过期未组织验收的视为建设业主对该工程表示认可。事后建设业主提出疑问需核查隐蔽工程的，如无发现问题，则因核查发生的费用由提议核查方承担，否则由承包商承担相关费用。

（12）材料设备的供应管理

材料设备的采购供应方式主要分为甲供、甲招乙供和乙供三种。

甲供方式：由建设业主（即甲方）直接采购供应材料设备到施工现场给承包商使用，甲方负责所采购供应的材料设备的质量与价格。承包商

47

对甲供的材料设备同样要负起质量把关责任，对于不合合同要求的材料设备要予以拒绝。在招标文件中须详细列出甲供材料设备清单，包括名称、规格型号、生产厂家、数量、单价等，作为双方结算、变更的计算依据。尤其是在合同履行期间，建设业主由于某种原因决定由甲供方式改为乙供方式时更是如此。

当甲方在采购管理方面比其他承包商更有明显的优势时，可选择甲供方式，由建设业主直接控制材料设备的质量，通过规模采购方式降低采购价格。但要注意避免因甲供方式导致双重税的问题。甲供方式的不利因素是，甲方的管理工作量将大幅增加，并将承担工程质量、进度方面的直接责任，同时，甲乙双方的管理责任交叉重叠会出现互相推诿的情况，不利于落实管理责任。

乙供方式，是由承包商（即乙方）直接采购供应材料设备到施工现场，并负责所采购材料设备的质量与价格，这是一般情况下默认的材料设备供应方式。在招标文件详列出甲供材料设备清单后，其余的材料设备就是由承包商负责采购供应了，故不需要另外详列承包商采购供应的材料设备清单。

甲招乙供方式，是由甲方通过招标方式确定具体的产品、生产厂家和供应价格，并与厂家签订合同，再由承包商按照甲方指定的厂家与价格与该厂家签订具体的采购合同，由承包商负责采购。也就是说，除了由甲方定价、定产品、定厂家外，其余与乙供方式相同。在大型建设项目中，此方式有其实际的意义。一方面建设业主可利用规模效应的优势最大幅度降低价格，另一方面建设业主控制了材料设备的质量，同时没有明显增大建设业主的采购管理工作量。但由于甲招乙供方式中，材料设备招标单位名称与具体实施采购单位名称不一致，这就会影响到个别供应商在优惠政策、定金等细节上的操作，建设业主须在此方面事先调查了解清楚并协商解决好。

材料设备需要说明来源地、产地的，必须附上相关证明。有随机附件或相关技术服务的，须列出详细附件清单或技术服务内容与要求，技术文件应保证买方能正常安装、使用及维护，并确保买方免受第三方在知识产权方面的诉讼与索赔。材料设备（含随机附件）如因厂家停产等原因不得不更换其他型号、品牌的，必须确保技术性能更优，价格不做调整。

属进口材料设备的，应详细列出价格的包含范围，避免漏项。进口设备价格范围一般包括货价、国外运费、运输保险费、银行财务费、外贸手续费、关税、增值税、消费税、海关监管费、车辆购置附加费等。①

属进口材料设备的，相关资料必须能进行国产化率计算，即进口部分资料应能与国产部分资料分开，包括数量、价格等方面。

（13）包装装运

材料设备采购合同中，除了对质量、规格型号作详细规定外，还须明确包装装运方式与要求，以防止装运过程中产生损失。相关方必须采取措施防潮湿、防霉、防锈、防腐蚀、不留异物、零部件齐全，将随机附件、工具及仪器独立包装。

（14）检验测试

在材料设备采购合同中，从产品开始制造到最终验收，大致的检验和

---

① 中国房地产估价师实务手册. 主编赵世强. 中国建材工业出版社，2006年8月，第93页。

测试环节有：制造过程中买方的监造、抽样测试，出厂检验，发运前检验、到货检查、开箱检验，安装后的预验和最终验收，这些费用须由设备供应商负责。检验不合格的，须由供应商负责整改，直到达到合同要求为止。整改要求可根据具体情况采取包括修理、替换、退货及削价处理等措施，由此造成建设业主方损失的须对其进行赔偿。

（15）安装与调试

在技术需求书中，招标人应明确安装调试的技术要求，国家有相关规范规定的按照规定执行，没有规范规定的，按照双方技术需求书的约定执行。安装调试的责任由安装承包商负责，其费用应已含在合同报价内。对于甲供设备，由设备供应商负责安装调试的，安装承包商须配合其工作，相关配合费用应含在合同报价内。甲供设备由安装承包商负责安装的，安装承包商须接受设备供应商的督导，按照其提供的技术文件、技术图纸及安装规范要求组织安装调试。进口设备安装调试过程中需安排翻译的，由安装承包商负责配备，其费用含在合同报价中。

（16）合同验收

合同验收是合同标的完成、承包商主要义务结束（除了保修责任及合同另有约定的除外）的重要标志，也是合同支付、结算的重要凭证，建设业主应非常重视合同验收的规范进行。合同验收主要有两类：一是工程类的，以竣工验收为标志；二是服务类的，以双方召开的验收会议为标志。

现以建筑工程为例简要介绍工程类的竣工验收。目前建筑工程竣工验收主要执行国家计划委员会（现为国家发展和改革委员会）1990 年颁发的《建设项目（工程）竣工验收办法》和建设部第 78 号令《房屋建筑和市政基础设施工程竣工验收备案管理办法》，其中验收备案管理办法自 2000 年 4 月 4 日发布施行，2009 年 10 月 19 日起修订施行。验收备案管理办法中规定建设单位应当自工程竣工验收合格之日起 15 日内，依照本办法规定，向政府建设主管部门备案。备案应提交的主要文件有：

1）工程竣工验收报告。报告中应当包括勘察、设计、施工、监理等单位分别签署的质量合格文件及验收人员签署的竣工验收原始文件，还需附上质量检测等相关资料。

2）法律、行政法规规定应当由规划、环保等部门出具的认可文件或者准许使用文件。

3）法律规定应当由公安消防部门出具的验收合格证明文件。

4）施工单位签署的工程质量保修书。

5）法规、规章规定必须提供的其他文件。住宅工程还应当提交《住宅质量保证书》和《住宅使用说明书》。

由上文可知，建筑工程的竣工验收涉及的是质量验收、规划验收、环保验收、消防验收等一系列的专项验收（地铁工程还涉及到安全、防雷、卫生学、职业病卫生防护设施等专项验收），缺一不可。未经验收或验收不合格的，不得交付使用。

目前建筑工程的质量验收主要按《建筑工程施工质量验收统一标准》执行。质量验收过程按检验批、分部分项工程、单位工程分阶段进行验收。在检验批或分部分项工程完成后，都由监理工程师或建设业主主持，按验收要求检查工程实体和工程质量控制资料，对存在的问题及时进行整改；在单位工程完成后，由建设业主主持，承包商、政府质监部门、勘察、设计、监理等单位参加的对工程实体和工程档案的检查验收工作中，对存在的问题进行整改。验收各单位在验收文件上签署验收意见，竣工工期以通过竣工验收的日期为准。未通过竣工验收的，承包商须立即组织整改，整改完成后另择日竣工验收，由此造成的工期拖延、成本增加均由承包商负责。

建筑工程的规划验收，是规划行政主管部门依据城乡规划法对建筑工程的监督管理，审查确认建筑工程是否按照规划许可进行修建。其他的专项验收，都是政府行政主管部门依据相关法律法规而履行的职能，有兴趣的读者可另行查阅。

服务类的合同验收，一般以验收会议的方式进行，建设业主与服务商双方参加。服务商按照合同约定事先提交完整的成果文件，并提供相关资料文件说明合同约定的义务已履行完毕，并详细解答建设业主提出的各种问题。建设业主对服务商提交的成果资料进行检查，确认整改意见及验收意见，作出会议纪要。需整改的问题如不是合同中的原则问题，一般建设业主会同意先验收，整改工作完成后再由建设业主另行确认。建设业主未予验收的，服务商须立即组织整改直至合格为止，然后重新组织验收。由此造成的工期拖延、成本增加均由服务商负责。

（17）成品保护

大型项目一般都是分成若干个合同标的，由多个承包商负责施工的，各承包商的工程进展不尽相同。当某个承包商的工程完成质量验收后，其他的承包商可能还在施工中。为了使已竣工的工程免遭损坏，我们必须对工程成品进行保护。由于建设业主不可能派出人手专门看管施工环境下的已竣工工程项目，因此，建设业主应充分结合施工总体计划安排，了解成品保护的工作量大小，在合同中约定由承包商负责成品保护工作，在整个项目验收完成后才正式移交建设业主接管为宜。成品保护费用在措施费中计列，在招标阶段作为报价项目由投标人报价。

（18）临管与维护培训

在承包商的工程项目移交后，建设业主的整个项目未正式运转之前，建设业主需委托承包商继续负责机电设备的维护保养管理工作，此期间发生的维护保养费用应由建设业主负责。在招标文件中，招标人应约定具体的临管人员要求及具体的临管时间，将临管费用列入总的投标报价中（在措施费中计列）。同时还应明确承包商应对建设业主设备管理人员进行设备维护保养理论及操作方面的培训，使其全面掌握设备系统的正常操作、巡检、调试、维护保养及维修等管理知识，确保日后对设备的正常使用。在临管期间，应安排建设业主的管理人员参加，及时给予操作指导。

（19）履约保证金

履约保证金是中标人承诺保证按合同约定履行合同所做的经济担保，如违约，则该保证金将无条件作为违约金对建设业主进行赔偿，履约保证金一般按合同总额的 5％计收。用现金、支票方式交纳履约保证金的，可在签订合同前交纳；以保函方式交纳履约保证金的，可在合同签订后若干天内提交有效保函给建设业主。因为银行须凭正式的合同才能办理保函，除非投标人与银行的关系很深。合同上宜约定以建设业主收到有效的履约保证金作为合同生效条件。如果中标人不能按时交纳履约保证金，招标人有权取消中标人的中标资格并没收投标保证金。

从担保的效果而言，以现金方式交纳履约保证金对建设业主最有利，

索赔时是无任何限制条件的。但对于大型建设工程项目，履约保证金数额巨大，高达几百万元乃至数千万元，这将明显影响到中标人的现金流。因此招标人在招标文件中应允许中标人根据自身情况选择交纳履约保证金的方式。一般来说，大型企业乐于以保函方式担保，因为银行授予的信誉额度高，开具保函成本较低；而对中小型企业来说，由于银行授予的信誉额度低甚至没有信誉额度，开具保函的手续会比较繁琐、成本也高，所以他们更愿意采用现金方式交纳履约保证金。

采购合同的担保额可随着货物分批到货而相应减少。建设业主每收到一批货后，可在供应商的递减担保申请书上确认本次收到货物的合同价值，由供应商向银行办理担保额递减手续，以减少供应商的担保手续费用开支。但对于工程施工项目，由于是以项目价值为单位，标的不具有明显的可分割性，故不对其办理担保额递减。

履约保证金的担保期限是自提交有效的履约保证金之日起至通过工程竣工验收并外加一个月左右时间（用于办理相关手续）为止。由于工程竣工验收日期难于准确预估，而银行开具的保函需要明确具体的担保截止日期，因此保函中应按预估竣工验收日期作为担保截止日期，并详细约定：如果工程工期超过担保截止日期的，承包商应按建设业主要求或建设业主认同的其他措施及时续保，以保证担保有效延续至工程竣工验收。

招标文件中的履约保函格式是投标人必须遵守的，否则极易被建设业主认定为不响应招标文件而失去中标资格。中标人在办理履约保函时务必与银行经办人员说清楚这一点，避免银行只顾按照自己的保函格式办理而影响到中标。

工程已竣工验收、履约保证期满并且未发生合同索赔的，建设业主应

54

按合同约定在合理的工作期限内退还履约保证金本金或保函原件。

（20）合同价格

价格条款主要表示合同的总价格及其相关项目价格的组成。总价格有大小写法，两种写法必须一致。合同价格的具体组成详见工程量清单或报价清单。合同价格不但应有合同总价，还要有价格清单作为支持，以利于按实际进度支付，亦利于分析各项费用的合理性及日后的变更费用调整。

合同管理人员应仔细检查费用构成是否完整，不得漏项。如土建项目的价格构成包括分部分项费（含管理费、利润）、措施项目费、其他项目费、规费、税金；采购合同的价格构成包括货物制造、包装、运输、装卸、安装、试验、调试、测试、维护、利润、保险、接口、报检、清关、试运行、税费及附属的随机附件、工具与测试仪器、服务费等，在合同上应明确这些费用发生时由承包商或供应商负责。

每项合同价格都应明确其包干方式，即该项价格是属合价包干方式还是综合单价包干方式，以便工程结算时执行。每项合同价格应附有单价分析表，详列出单价构成，包括构成单价的人工、材料及机械台班的数量与价格、管理费和利润，以便在合同变更时双方能够按照原合同的计价原则确定新项目的单价或调整相应合同原单价。

（21）款项支付

合同支付有月度计量支付和形象进度支付两种方式。支付管理的原则是尽量结合实际完成进度支付，绝不超额支付，同时避免人为因素给承包商带来过大的资金压力。

月度计量支付方式是建设业主审查确认承包商的月度实际完成工程量，依据合同约定的单价计算出该月度完成工作量，按照合同扣款约定扣除相应款项后，余款支付给承包商。其优点是每笔支付项目与金额清楚，明确分部分项工程的月度完成额、预付款回扣、劳保金回扣、保修金预扣款、结算预留款预留、应付款等细目及它们的年度累计、项目累计等；不足之处是每月的结算审核工作量大，已审过的和未审核的界面要分得很清，才不会出现重复计算或漏计，支付手续的等待时间较长。

形象进度支付方式则是在合同签订时将进度款、预付款及相关扣款等事先综合考虑，按照工程的形象进度所对应的价格确定好支付节点及支付比例，如"完成±0.00工程时支付至合同总价的20%"。此支付方式的优点是管理简单，不需要在每个月度都做大量的实时计量工作，支付节点清晰，支付效率高，不容易发生纠纷。在项目竣工后才进行总结算。不足之处是支付额与实际进度对应性不强，已支付额的明细账不直观。

预付款的支付与回扣：在月度计量支付方式中，预付款是合同签订生效后，建设业主按照合同约定向承包商预先支付的用于工程备料的款项，待承包商完成一定比例的工程进度后，由建设业主在承包商的月度进度款中逐月等额扣回。预付款一般安排在工程开工后数月内扣完。遇前期工程资金占用较大的可适当延后，但最迟须在工程竣工前扣完。在建设业主向承包商支付预付款之前，承包商须向建设业主提交同等金额的预付款担保，以保护建设业主的利益。

劳保金的支付与扣还：劳保金即建设工程劳动保险金，指工程造价费用中用于为职工缴交社会保险和支付职工劳动保险的费用，按施工合同价乘以工程造价劳保金计费系数计取。以广州地区为例，按照穗府办〔2009〕48号文《广州市建设工程劳动保险金管理办法》规定，所有新建、改建、扩建、维修和技术改造等建设工程项目，一律由建设单位代缴纳该项建设工程劳保金。属招标项目的施工合同价先按中标价计算，在工程结束后按工程结算终审价结算，多退少补。建设单位缴纳的劳保金，将按9∶1的比例分为基本金和调剂金，其中调剂金又按7∶3的比例分为对应项目调剂和年度调剂。基本金由建设单位在办理施工许可证之前拨付给施工企业；调剂金由建设单位在办理施工许可证之前向劳保办预缴，在施工企业为施工现场的从业人员缴交工伤保险和购买建筑意外伤害保险后，施工企业可按规定向劳保办申请对应项目调剂、年度调剂。

目前安装工程的工程造价劳保金计费系数按1.77%计取，其他工程的劳保金计费系数按3.04%计取。建设业主须在办理报建、开工许可手续前代缴劳保金，再从支付给承包商的工程款项中分批扣回代缴的劳保金，一般是安排在前几期的进度款中等额扣回，同时也应考虑到承包商的资金压力问题。

结算预留金的扣款与支付：结算预留金是为了防止实际支付额超过结算额而设立的，结算预留金一般按5%预留，如果政府的结算核减比率通常都大于5%的，可相应调高结算预留金比例。在月度计量支付方式中，建设业主在月度进度款中预扣，在竣工结算审定后建设业主结清结算预留金。

保修金的扣款与支付：保修金是质量保修期间使承包商对质量进行保证的强制措施，保修金一般按合同价的5%计取。在月度计量支付方式中，建设业主从承包商月度进度款中按比例扣下，在竣工结算审定后及时调整保修金金额，保修期满后双方结清保修金。在形象进度支付方式中，也是应按结算审定价及时调整保修金金额，在保修期满后结清。

服务合同一般采用形象进度支付方式，如设计合同按照完成的阶段设

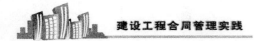

计为标志支付，如在建筑设计中分为方案设计、初步设计、施工图设计及施工配合共四个阶段 。监理合同中是按服务期均分到月度或季度中支付，或按实际监理完成进度比例支付。对服务商有管理考核的按考核规定进行奖惩。

采购合同在支付上一般安排有订金支付、制造进度支付、收货支付、预验收支付、最终验收支付这么几个阶段。在各个阶段如有提供安装、随机附件的，其安装服务费用及随机附件费用也应按相应比例支付。

（22） 支付手续中的支持材料

无论是建筑或是安装工程或是其他项目，在办理款项支付时都必须附上合格、充分的支持证明材料，说明支付申请的真实性、有效性和合法性，以使其顺利通过建设业主及政府的审批。虽然不同类型项目、不同阶段申请款的支持材料各不相同，但都应具备下列共性要求：

支付申请表或申请函。尽管项目进度已达到合同约定的支付条件，建设业主也不可能自动支付款项给承包商，必须由承包商启动支付程序。承包商须通过支付申请表（函）的方式正式向建设业主提出支付申请，并说明支付的理由和金额。

本次支付金额：必须以清单的形式说明本次支付金额的构成及其支付的合理性、合法性。这应从三方面来说明：一是进度完成情况的有效证明文件，如开工报告、监理确认进度的合法文件、阶段验收文件、调试完成报告、移交单等；二是本次支付的合法性，主要是要遵从合同的具体约定；三是价格的合法性说明，所有价格都必须合法引用，如来自合同的价格条款或合同约定的政府造价管理部门颁布的价格文件等。对于超出合同范围的询价，必须有询价产生的过程、结果资料和双方的确认手续资料，这些细节要求应在合同上有明确详细的操作性约定。涉及外汇的，合同上应约定清楚汇率的确定及汇率风险处理、购汇换汇的操作、手续费用的承担等事宜；合同中还应明确各阶段支付时承包商出具的是发票还是收据，发票原件交付情况等事项。

累计已支付金额：应有合同总的累计已支付数和分项累计已支付数，并清楚说明总的支付的详细情况，才能有助于建设业主审批判断。

（23）人员管理

在招标阶段，投标人在投标文件中都会按照招标文件要求列出拟派的项目经理、项目总工程师等项目部主要管理人员。在评标时项目经理及项目班子成员的业绩及类似工作经验将直接影响到评标分数的高低。为了争取中标机会，投标文件中承诺的拟派项目部班子成员都是实力较强的。在中标并签订合同后，个别中标人出于经济利益考虑或为了在其他项目的投标中增加中标机会，以各种理由说服建设业主同意换掉原先的项目经理、项目总工程师，而重新派来的项目经理、项目总工程师基本上不会比原先的实力更强，这样对建设业主是不利的，也是不公平的。

因此，在合同中应约定清楚项目经理、项目总工程师等关键岗位人员更换的处理方法及惩罚方法，杜绝恶意更换。应严格建设业主对更换项目部人员的审批管理，防止借建设业主之名合法更换。另一方面，由于建设项目的建设期限长达数年，这当中确有一些客观因素的变化使承包商不得不更换人员，因此建议基于以下原因建设业主可同意更换人员，同时根据影响的大小，承包商应给予建设业主一定的经济补偿：①到期退休的；②调离本单位的；③升职或降职后，不宜继续担任的；④急患重病不再适合担当的；⑤意外伤亡不能继续担任的。

除了对项目部人员更换要严格管理外，还须保证他们主要的时间和精力应放到本项目的管理上，防止挂空名，变相更换。合同中应约定项目经理、项目总工程师必须保证每周有大部分的时间在现场参加管理，并坚持出勤登记，严格考核。其他管理人员应按照施工计划的安排，根据工程进度相应到位。

对于未经建设业主同意，擅自更换项目经理、项目总工程师的，或变相更换的，在合同上应明确说明会予以严厉处罚。如每更换一人次将按多少万元处以违约金，当然，其他管理人员的相应会少些。对于出勤少的也应约定相关的处罚操作。

对于设计合同中设计人员是否到位的判别，主要参考日常的工作沟通、参加会议人员是否是合同中约定的人员，设计图纸上是否是合同约定的人员签字。

对于监理合同的人员管理，类似于施工合同中对项目经理的管理，重点管理对象是监理总监和总监代表。应通过合同约定保证他们真正到位并发挥其管理作用。在监理合同上应明确区分监理工程师的具体权责和建设业主的权责，让监理工程师能充分发挥其积极性。

（24）合同变更管理

由于工程建设工期较长，影响因素多且难以预料，在合同签订时也无法一一考虑清楚，故在合同履行期间需对合同做这样那样的修订，这就是合同变更。在变更之前的合同称为原合同，相对原合同所做的修订部分，称为变更合同（协议）。原合同是通过公开招标方式充分竞争而得来的，合法合规，其价格基本反映了市场的正常价格，定价机制合理；而合同变更不可能采用公开招标方式，只能是合同双方直接协商谈判，其结果将因双方认识的不同而不同。正因为变更结果的不确定性，所以合同变更是建设业主合同管理的重点，对大型市政项目而言，合同变更也是政府的投资控制管理重点。

导致合同变更的原因不外乎是外部客观环境原因、第三方原因、建设业主原因和承包商原因，因这些原因造成的合同变更建议按以下原则办理：

1）因外部客观环境原因引起的合同变更：包括不可抗力影响和环境条件明显变化引起的影响，如自然灾害、地质变化、市场重大变化、政府政策变化等风险。但不是说凡是这些原因引起的任何一点变化都要进行合同变更，对那些有经验的承包商应可意料到的风险在合同上是应由承包商承担的，只有那些就算再有经验的承包商也难以意料到的、较大的变化风险才可考虑合同变更。变更费用由双方合理分担。如因不可抗力原因造成双方损失的，双方各自承担自己的损失，即建设业主承担工程的损失，承包商承担施工队伍、施工设备的损失。

2）第三方原因引起的合同变更：这里的"第三方"是指与甲方、乙方都没有任何关联的单位或人员，如毗邻的施工单位、周边房屋业主等。处理原则参考上条。

3）由建设业主原因引起的合同变更：指因建设业主决策错误、工作失误等引起的合同变更。按照公平原则，此类变更主要由建设业主承担变更费用。但须注意区分的是，如果建设业主是受政府委托的代建单位，则因本级政府的政策决策引起的合同变更应归入到本条而不是归入外部客观环境原因；如果设计单位是受建设业主委托进行设计的，则因设计错漏等原因引起的合同变更应归入本条而不是第三方原因。

4）承包商原因引起的合同变更：承包商必须全部承担由自身原因引起的合同变更，此类合同变更建设业主不予办理。

　　为了方便变更操作，有些是在合同上详细列出各种变更的处理条款，如围护工程发生变更时按何种方法处理，主体工程发生变更时又是按何种方法处理。但因变更涉及范围太大，不可穷举，此种约定的最大弊病是约定不全，给人感觉是除此之外其他的不做变更。故合同上应参照上述引发变更的原因来分类约定变更处理原则。

　　合同变更应在遵循原合同原则的基础上细化完善和扩展延伸，原合同原则不合理的，经双方协商后可予变更，但一定要慎重、理由正当、合理合法。在办理合同变更时，原合同中已有的价格应直接引用；原合同中只有类似项目的，可用其相同材料的价格、相同间接费和费率重组项目价格。原合同中完全没有的，才由双方询价确定。

　　合同变更必须是经双方协商确认的。无论由何种原因引起的合同变更，都应由承包商发起办理合同变更手续。在承包商报来变更申请及变更预算后，建设业主应及时组织合同变更审查。建设业主一方面是从技术层面上确认该变更的必要性、可行性、合理性，另一方面是从合同层面确认变更费用的合法性、合理性。对于无需做技术认定的变更，则直接做合同变更，如价格的调整等。

　　合同变更获建设业主批准后双方应办理变更合同（协议），从法律层面上确定变更事项。变更合同（协议）可以是分开单个变更分别办理，即一个合同变更对应一个变更合同，也可以是归类、分批办理，多个变更只对应一个变更合同。

　　合同变更应坚持先办理、后实施的原则，避免出现事后争执的尴尬，引发合同纠纷。同时要注意提高变更效率，尽量减少变更手续对工程进度的影响。建设业主的变更审核流程中应先抓紧确定变更原则，在变更原则达成共识后即可实施变更，不必在核定变更数量、审核变更预算后才组织讨论确定合同变更原则，这样可将变更实施时间大大提前。

合同中应清楚约定办理变更的支持材料及办理时限，促使承包商随时收集好变更支持资料，及时有序地办理变更，防止选择性办理合同变更。

（25）现场签证

所谓现场签证，就是建设业主代表在施工现场对合同外的零星项目、非承包商责任的额外工作进行书面确认，如地下不明管线的迁移、地下不明障碍物清除等。从本质上来看，现场签证是建设业主授权建设业主代表进行现场处理的一种简便的变更方式，应纳入变更管理范畴统一管理，从而形成全范围的无缝变更管理体系。因此，合同中应明确建设业主代表签证的范围和权限。属签证权限内的项目，建设业主代表的处理意见就是甲方的意见；属签证权限外的项目，建设业主代表的处理意见只是建设业主的初步意见，还需按建设业主内部流程审批后才能确定。

（26）风险处理

在工程建设期间，总是免不了会受到诸如暴风雨、洪水、地震等自然灾害的破坏，遇上人工材料价格大幅波动或行业政策变化或需要对古文物进行保护等的情况。在这些变化因素的影响下，合同的履行就不一定能按照既定内容顺利执行到底，而是具有一定程度上的不确定性，这就是合同的风险所在。合同的履行时间越长，合同蕴含的风险越高。如果在合同约定中忽视风险处理条款，当风险来临时就会措手不及、产生纠纷，甚至迫使合同中止。因此，合同管理人员必须有着强烈的风险意识，风险虽然不是必定发生的，却是随时可能会发生的，千万不可有侥幸心理。我们在合

同上要积极防范，认真约定好风险处理原则，把风险的影响降到最低程度。风险的类型有如下几种：

1）建设业主的风险。主要体现在：资金风险，建设业主资金的不足影响到正常支付，甚至迫使工程停工。决策风险，建设业主决策原因使得项目建设有大的方案改变或缓建、下马。破产风险，因建设业主破产、被收购、重组等原因，使项目建设具有不确定性。建设业主及其第三方人员的人身安全风险，建设业主或与建设业主有业务关系的第三方人员需到现场开展业务，如建设业主现场代表、建设业主委托的设计人员、供应商、监理人员等，从而可能会带来安全风险。

2）承包商（承包商、服务商、供应商等）的风险。主要体现在：资金风险，因承包商内部管理原因出现资金周转不足的话，就会影响到合同的正常实施。这当中包括本项目的资金不足和抽调本项目资金到其他项目后造成本项目的资金不足。还有就是承包商没有按期支付工程款给分包商、供应商，造成他们的怠工、停工。管理风险，因项目部主要管理人员的变动造成工作衔接不上，影响到合同的正常履行；因承包商与分包商、项目部之间的利益分配措施不合理使项目部的关注重点与合同的要求不一致，或因工程项目层层分包，使管理指令无法贯彻下去，反应迟钝、动作缓慢。破产风险，因承包商破产、被收购、重组等原因影响到合同的正常履行。承包商及其第三方人员人身安全风险，承包商和分包商的现场管理及施工人员、承包商的供应商人员、现场设备等的人身设备安全风险。

3）政府政策风险。如政府税收、融资、土地、城市规划、节能等政策的变化，都会直接影响到项目的开发定位、规划设计方案乃至项目的依时开工。近年房地产行业相关调控政策的变化影响就是一个典型例子。

4）工程安全风险。土建、机电安装、装修装饰工程施工过程中所发生的影响到工程自身安全的风险，如工程坍塌、涌水涌砂、火灾、质量事故等。

5）市场风险。市场上的人工、材料、机械设备的费用水平是时时变化的。承包商在投标报价时会考虑到合同履行期间正常的市场价格变化风险，但当市场价格出现较大的变动时则往往超出了承包商的承担能力。如2004年的钢筋、水泥价格大幅上涨是无法料及的。尤其当我国经济与国际经济的关系越来越紧密时，市场的风险不但会受国内因素影响，还明显受到了国际因素的影响。

6）不可抗力风险。一般指自然原因、社会原因引起的风险，如地震、暴风雨、洪水、干旱、战争、骚乱、罢工、政府法律和行政行为变更等，是人所不能预见、不能避免和不能克服的客观情况。

对以上各类风险的应对措施，主要是采取回避、降低、分担、承受等方法，有针对性地减少风险发生，减少风险造成的损失，具体说明如下：

1）及时购买工程及人身保险。保险的标的包括工程项目本身保险、双方人员及相关的第三方人员人身保险、施工设备保险。通过购买工程保险将工程安全风险、不可抗力风险依法分担出去，减少风险损失。其中，工程项目的保险费由建设业主负责，双方人员及其相关第三方人员的人身保险费由双方各自负责。如果工程保险经费有限，则应做好保险筹划，通过谈判力争将整个项目按风险大小程度分解，投保风险影响较大较多的部分，对风险影响程度一般的部分可视资金具体情况决定是否购买保险。

2）建设业主承担难以预见的市场风险。由于正常状态下的市场价格波动风险应是具有行业经验的承包商所能预见到的，故该类风险应由承包商负责；但对于超出行业人员经验之外的非正常市场价格波动部分的风险则宜由建设业主承担。因为在招标时投标人一般不情愿将此项风险费用列

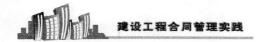

人报价中，或只是象征性地报一点。其原因是风险费用不一定产生，投标人不知如何报价，如果报大了会影响到中标。也就是说，实际合同中是没有预留足够的抵抗风险费用的。一旦发生风险，承包商可能因无力承担风险而被迫停工，甚至破产，最终还是由建设业主承担后果。

3）保持双方的权利义务基本对等。由于无法预知风险何时发生，所以合同双方在完成工作量与款项支付上应遵循基本对等的原则。如果建设业主先支付一大笔费用给承包商或者承包商先完成项目实施后建设业主才支付的话，一旦某一方发生风险，先予支付的资金就可能打水漂，先予完成的项目的资金回笼可能就希望渺茫。所以，支付预付款应有相应的担保，工程款支付周期不应过长，宜按月度或季度支付。

合同中的风险处理条款宜形成范本应用于所有合同中，但不必将所有风险都一一列在合同上，这样的合同文本会很繁杂，效果也不一定好。我们应分析本项目的风险特点，针对较大风险、常见风险设定处理条款，使合同既简洁，又能抓住合同管理重点。

（27）工程保险

在大型工程建设期间，我们常常借助工程保险来合理分担工程风险。以地铁工程为例，地铁工程的主要风险发生在土建和机电安装阶段，因此地铁工程投保的主要对象是土建工程、机电安装工程及第三者安全。下面我们简单介绍一下工程保险合同的主要特点，以使读者对工程保险合同有初步了解：

甲方：被保险人，是工程保险的受益人。

乙方：保险人（保险公司），大型工程保险中将由牵头保险人、共同保险人联合组成。

保险标的：被保险工程项目名称、地址。

保险范围：被保险工程的财产范围、第三者责任。

保险期限：被保险工程的建设期（至全部竣工日止）、工程质量保修期。

保险金额：暂按工程概算额或预算额计，最终按工程结算额调整。

保费计算与支付：保费＝保险金额×综合保险费率

工程结算价可保金额超过原保险金额一定比例的，超过部分由双方协商追加保费。

保费一般按"预付款＋定期固定比例"方式支付。

赔偿限额：合同中设定的每次事故赔偿限额、累计赔偿限额。

免赔额：每次事故中先由被保险人自担损失的额度，只有超出免赔额部分的损失才由保险人赔偿。不同事故类型设定不同的免赔额。

适用保险赔偿的范围：因自然灾害或意外事故造成物质损坏或灭失，为防止或减少保险标的损失所支付的必要合理费用及保险合同中列明的可赔偿费用。

上述为防止或减少保险标的损失所支付的必要合理费用是在保险标的损失赔偿额之外另行计算的。

不适用保险赔偿的范围：各种人为因素造成的损失、费用，包括战争、恐怖活动、罢工、骚乱、核裂变、大气污染、被保险人故意行为、工程停工等及合同中列明不予赔偿的情形，但在工程开工前已埋下的炸弹、地雷等除外。

特别条款：双方协商确定的修订内容，与通用条款约定相矛盾的以特别条款为准。

索赔流程：当保险工程发生事故后的理赔程序。

参与工程保险的另一好处，是可借鉴保险公司在防灾减灾方面的丰富经验，规范自身安全管理，共同降低安全风险。

（28）违约索赔

在合同中设置违约索赔条款的目的并不是真想借此去罚对方多少钱，真正的意图是让对方清楚地明白违约的责任与代价将有多大，以促进各方自觉信守合同、不发生违约行为。但当一方确实发生违约行为后，违约方就必须按照合同约定向守约方作出经济赔偿，以补偿损失。赔偿的方式有没收定金（或双倍返还定金）、支付违约金、赔偿金或滞纳金。

任何不按合同约定执行或执行不到位的，都可能构成违约事实。如：标的质量不合格、标的数量不够、标的型号规格不符、拖延工期、不按时供货、交货地点不符、设计不符合规范规定、拖欠款项等等。这些不同的违约事实对守约方造成的损害程度是不同的，因此有必要针对违约后果的轻重程度分别对待处理。在实践中，影响合同较大的违约类型有标的质量、安全等方面的违约。这些违约行为直接影响了合同的根本利益和最终目标的实现，是建设业主最为关注的问题；对大型市政项目而言，工期期限往往是政治性的任务，也是建设业主最为重视的问题，容不得推迟。这些影响大的违约行为，不论其是否发生，都必须在合同中约定好相应的处理条款；对于其他影响不是很大，但经常发生的违约行为也应在合同中详细约定；对于那些影响不大、发生几率也不大的违约行为可不做具体约定，当其发生时双方再另行协商处理。

针对上述不同程度的违约的处理原则是：对质量、安全、工期方面的违约行为必须用严厉手段进行处罚，甚至是终止合同等，要坚决杜绝该类问题的发生；对其他的违约行为则依据其影响程度给予不同的经济处罚。

68

同时，为了遏制那些影响一般但容易反复发生的违约行为，应按累计数进行处罚，当其违约行为或影响累计达到一定程度的，守约方应可单方终止合同而无需向违约方支付任何的经济补偿或赔偿，以引起违约方对其违约行为的重视。

在合同上，我们应明确定金、违约金、赔偿金、滞纳金的具体计算方法，并且能够实现操作。违约金、滞纳金的计算基数以受违约损害的标的为准。造成工程项目延期竣工的，其影响会覆盖整个项目，故逾期竣工的违约金应以项目总价为基数，每逾期一天，违约方就要按约定比率向守约方支付违约金。建设业主延期支付进度款的，其违约影响只在于应付未付部分的款项，故以应付未付款额为计算基数，每逾期一天，按约定比率向守约方支付滞纳金。约定的比率主要参照中国人民银行有关罚息的计算规定执行。若对方觉得约定比率过高，不够合理，可向法院申请变更约定。赔偿金的计算包括违约行为对对方造成的直接损失、间接损失及可预期利益三部分费用的计算，但守约方负有举证责任，且预期利益必须是明确可信的。定金的计算是以整个合同额为基数，按照合同约定比率计算。按照担保法规定，定金比率最高不超合同额的20%。

合同法规定，合同约定有定金和违约金的，违约时守约方只能索取其一，即只能选定金或违约金处罚对方。选定定金或违约金的，不论违约行为是否造成经济损失，违约方都需向守约方支付定金或违约金。当违约行为造成的经济损失超过守约方收取的违约金的，违约方还须向守约方支付赔偿金，以补足其经济损失的差额部分。也就是说，在合同违约处理条款中，违约金与赔偿金是可以并用的。

合同的违约处理条款必须具有非常明确的可操作性，一切模糊不清的约定都会被违约方利用，使违约处理最终不了了之。如合同约定"乙方

未能在×年×月×日通过验收的，则……"，此表达中的验收标志是不清楚的。因为工程上有多个阶段验收，本次约定到底是哪个阶段的验收，是质量验收还是规划验收？所指定日期是指开完验收会议的时间，还是指拿到相应的政府批准的验收文件的时间？所以，违约处理条款应表达清晰的起始计算标志、完成标志、计算基数、约定比率等，不得含糊、有歧义。现实中，此时的双方是最容易在条款方面咬文嚼字的。

（29）质量索赔

工程质量未能通过验收的必须进行整改，直至通过验收为止，严重的必须推翻重做。

材料设备的质量问题，无论建设业主采购的还是承包商采购的，如果所采购材料设备质量有瑕疵的，采购方都可根据其瑕疵程度及用途要求分别采用修理、替换、退货、削价处理等方式进行质量索赔，造成采购方经济损失的，供应商须进行相应赔偿。为了确保索赔成功，合同中的质量标准、规格型号、材料含量、产地、保管责任、运输责任等可能影响到材料设备质量的环节都必须说清楚，不得含糊、有歧义。

（30）争议解决

本条款主要明确了合同履行期间双方发生争议时的处理原则，一般分为三个层次：①双方友好协商；②双方协商不成的，接受上级部门或政府管理部门的调解；③调解不成的提交仲裁或诉讼。

第二个层次不是必要的，可根据具体情况来确定。若提交仲裁，那么在合同中应写明正确的仲裁委员会全称，否则将不被受理。按照合同法规定，争议双方不能既选用仲裁方式又选用诉讼方式，只能选择其中一个。

选择仲裁方式的，在仲裁委员会做出裁决后未能执行的，可向法院申请强制执行。选择诉讼方式的，宜明确诉讼法院的选择方法，可按履行地或签约地选择受理法院。

（31）合同非正常终止

在合同履行期间免不了会发生各种意料不到的风险，有些甚至引发了合同纠纷，严重的会迫使合同无法继续履行下去而不得不提前终止。因此，合同中须有相应的提前终止条款，以利于双方在合作失败后能够合法解除关系并另寻其他解决办法，比如用与第三方合作、资产重组等方法曲线解决问题。不致于任由事件的影响无限延续，使双方损失无限扩大。

在合同条款中应针对影响原因划出具体的界线，影响程度达到或超过该界线的则提前终止合同。例如：如果因承包商原因使项目暂停、中止达到若干天数的，则建设业主可提前终止合同；如果因建设业主原因迟迟未向承包商支付应付款项达到若干金额或达到若干天数的，则承包商可提前终止合同。如果因不可抗力原因使工程项目损毁无法继续施工的，双方可提前终止合同。要注意明确提前终止合同后的善后工作，如工程结算、工程移交、档案移交等。

（32）档案管理

在建设工程的质量验收、竣工验收中，最主要的还是工程档案资料的验收。档案资料既是项目竣工验收的重要依据，也是宝贵经验的积累。完整的档案资料对总结以往的经验教训、提高管理水平是非常有用的。因此，必须重视档案管理工作。

合同中的档案管理条款主要是明确归档责任人、归档内容、归档时间

等操作上的约定，归档管理原则是"谁产生谁归档"，档案管理职能部门负责审核把关。归档文件的形式包括电子文件、纸质文件、音像文件，纸质文件应标上档案的流水页码。必须建立统一的归档台帐，以便用电子手段可迅速检索查阅到目标文件的归档情况，包括卷宗编号、文件内容、存放地点、存入时间等信息。

合同档案资料应至少每季度归档一次，如果归档周期过长，档案资料丢失的风险会相应增大。对于政府的重要批准文件如规划许可证、施工许可证等原件，经办人须随时归档，需借用的必须按照档案管理规定办理借用手续。

3. 工程量清单准备

（1）工程量清单编写

工程量清单的作用在于向投标人进一步说明建设业主对标的及报价的详细要求，包括用分部分项项目表示的合同范围、项目工作内容、预计工程量、承包方式等，这是编制投标文件的重要报价依据。而工程量清单计价表则是投标人对招标文件中报价要求的具体响应，它详细列出了投标人对各分部分项项目的报价水平及其合价、标的总价等。合同中的工程量清单实质上是合同价格条款的展开表。

建设部于 2003 年发布了国家标准 2003 版《建设工程工程量清单计价规范》（GB 50500—2003）（下称"计价规范"），在国有资金投资或以国有资金投资为主的大中型建设工程中强制执行。计价规范统一了项目编码、项目名称、计量单位、工程量计量规则，通称为"四统一"。该计价规范在全国范围内规范了工程量清单的编制，并侧重于招标阶段中对工程量清单的应用。2008 年 7 月 9 日，建设部发布了 2008 版《建设工程工程量清单计价规范》（GB 50500—2008），并针对 2003 版中存在的问题进行了修订，特别是增加了合同管理的条文规定，使计价规范不再单纯是招投标的计价工具，而是合同管理全过程的体现。建设部今年又发布了 2013 版计价规范（GB 50500—2013），对以往版本进行了进一步完善。

工程量清单主要由造价工程师、概预算人员负责编制。工程量清单的开项深度，除了按照计价规范执行外，还应充分考虑到工程项目的建设管理需要、项目建成后的长期维护管理需要，以及不同专业之间的接口需要。工程量清单不是越细越好，但也不宜以一笔总价概之，而是应以满足管理需要为目标。编制人员除了要熟悉图纸内容外，还应了解合同的承包模式、合同范围及合同界面，了解项目合同标段的划分意义，才能编制出符合项目实际情况的工程量清单。如安装工程中的部分管线、预埋件需在土建阶段进行预埋，预埋工作可能由安装承包商负责，也可能委托土建承包商负责，在工程量清单中应单列出预埋管线部分的报价，这样，无论最终采用哪种委托方式都能适用。又如整机报价项目，在建设期中只需有总价即可，但其中可能有某些关键部件需要供应商长期有偿维护，所以报价中就应分列出这些关键部件的价格，其中标价可做为今后维修费用的参照依据。再如在一般的房屋建设中，小五金是作为门窗项目的附件并入门窗采购标中的，但在房地产开发中，小五金配饰的客户价值大，是成本控制的重要对象，常采用专项采购方式采购。而对于某些用量大的材料设备，开发商会成立专门采购部门负责采购，以规模效益降低成本、控制质量。因此，不同行业、不同企业的管理要求不尽相同，工程量清单的开项应能适应这些个性管理要求。

我们应该充分意识到，清晰的工程量清单，不仅是一个合格的计价表

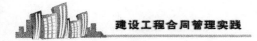

而已，更意味着一种明确的管理思路和清晰的管理过程。合同管理过程中各种出乎意料之外的变化是经常发生的，因此我们在对工程量清单进行编制时应充分考虑如何适应这种变化。

（2）工程量清单格式内容（见表2-5）

表2-5　工程量清单格式内容表

工程量清单内容名称	主要内容
封面	项目名称，招标人、法定代表人、中介机构、造价师签名盖章
填表须知	签字盖章及填写要求
总说明	工程概况、招标与分包范围、清单编制依据、工程质量、材料、施工等的特殊要求、招标人自行采购清单、其他说明
分部分项工程量清单	详列各分部分项项目的编码、项目名称、计量单位、工程数量
措施项目清单	详列各措施项目名称
其他项目清单	详列其他项目名称
零星工作项目表	详列各零星工作项目的人工、材料、机械的名称、计量单位、数量

（3）工程量清单计价格式内容（见表2-6）

表2-6 工程量清单计价格式内容表

工程量清单内容名称	主要内容
封面	项目名称，招标人、法定代表人、中介机构、造价师签名盖章
投标总价	建设单位名称、工程名称、投标总价，投标人及法定代表人签字盖章
工程项目总价表	详列单项工程名称及报价
单项工程费汇总表	详列单位工程名称及报价
单位工程费汇总表	详列单位工程费的组成
分部分项工程量清单计价表	详列各分部分项工程项目名称、工程数量、综合单价、合价
措施项目清单计价表	详列各措施项目名称和报价
其他项目清单计价表	详列招标人部分和投标人部分其他项目名称及报价
零星工作项目计价表	详列各零星工作项目的人工、材料、机械的数量、综合单价、合价
分部分项工程量清单综合单价分析表	详列各分部分项工程量清单的综合单价组成
措施项目费分析表	详列措施项目费的价格组成
主要材料价格表	详列各主要材料名称、规格型号、单位、单价

（4）计量规定

国家已有计量规范、计量规则的，只要列出相关规范、规则名称即可；国家没有相关规定的，须在合同中明确具体的计量规定，以避免双方在计量方法上产生分歧。工程量清单计价规范中已明确了建筑工程、装修装饰工程、安装工程、市政工程、园林绿化等工程的工程量计算规则，在此范围内的工程依照其规定执行即可。

（5）招标控制价（投标限价）

招标控制价是招标人事先公布的其所能接受的最高投标报价，投标人投标报价超过招标控制价的为无效标，投标报价须低于招标控制价才有中标的机会。招标控制价由造价工程师、概预算人员编制，随招标文件或澄清文件一起发放给所有投标人，供其编标时参考，并需上报招标行政主管部门备案。

招标控制价是建设业主在参考招标项目概算、市场价的基础上编制的。招标控制价可防止不良投标人串标，抬高中标价，损害招标人利益。招标控制价应尽量接近市场价格水平，过低的招标控制价会导致无人参与投标，招标失败；而过高的招标控制价则会失去价格控制的意义。

4．技术文件准备

（1）技术需求书的编写

技术需求书（也称技术条件）详细说明了建设业主在质量、工期、技术标准、工作界面等方面的要求，是对合同中技术条款的进一步展开说明，是建设业主合同技术管理的工作要求和合同验收的主要依据。承包商必须认真研读技术需求书中的详细约定并严格执行。如表2－7所示。

表2－7　技术需求书的主要内容

内容名称	主要内容
项目概况	工程项目的位置、规模
工程范围	合同承包主要内容
相关单位	设计单位、监理单位、其他需合作沟通的单位
建设业主提供的场地条件	施工水电、排水、场地、通讯、交通疏解、临设搭设
质量标准	施工标准、验收标准、产品标准
工作标准	管理标准
技术要求	各设备材料的技术指标、功能、制作与使用要求
工期要求	关键工期、关门工期、竣工工期
施工组织设计	合理施工安排，施工顺序，人、料、机合理安排方案
图纸管理	图纸发放份数、使用
测量与监测	控制网点、基坑监测、建筑物监测
试验与检验	各类材料试验与检验
工作界面或接口	合同内专业工作与合同外专业工作的分工界面划分
计量规定	工程数量计算规则
建设业主提供材料设备	名称、规格型号
承包商提供材料设备	名称、规格型号

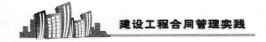

（2）质量标准

技术需求书中约定的质量标准应贯彻全过程质量控制理念，包括施工过程中的质量控制要求和验收规范，以体现完整的质量管理体系。质量管理范围应涵盖各专业及主要材料、半成品、成品、建筑构配件、器具和设备等。国家有相应规范标准的，只要列出相关规范标准的名称即可。建设业主对质量标准另有要求的须详列，比如工程质量要达到国家质量奖的水平等。对于采购材料设备的质量标准，规定是必须有三家以上的厂商能够达到其标准。

市场上竞争充分的成熟产品，已经按照各自的产品定位分别占领了高档、中档和低档市场，价格差异很大，而且都达到了国家相关质量标准。假如让它们一起参与投标的话，则低质低价者相对占有优势。为公平起见，质量标准应规定得更细致些，以合理拉大产品之间的标准差异。

（3）工作标准

工作标准主要体现的是管理标准，即各项管理工作的程序与要求，这是保证各项管理工作质量的基础。如监理总监必须做监理规划，监理规划应包括监理项目概况、工作范围、工作内容、监理组织架构、方法与措施等方面，是监理工作的大纲；监理工程师必须制定监理实施细则，细则内容应包括质量、进度、投资的全过程控制措施，并应逐日记录现场有关质量、进度、投资的实际情况及发生的各种影响因素等内容，要将监理大纲的要求落实到细节上，从而规范监理管理，保证监理工作的管理质量。

相当一部分的管理标准以表格形式体现，其中包括各类记录、报表、审批表等。相关人员应系统设计表格，定期不定期地及时修订表格，能够用表格方式的尽量用表格方式，使工作标准简单明晰。

（4）合同工期

合同工期主要有竣工工期、关键工期、关门工期这几项。竣工工期指合同项目全部完成交付使用的总日历时间；关键工期指合同项目阶段性进度控制的时间；关门工期往往是上级管理部门下达的最迟竣工工期，是任何原因都不容推迟改变的竣工工期。我们在合同中应当明确各工期的起始条件、起始标志及完成标志，作好项目的总进度计划分析，并在此基础上确定合同的各类工期目标。由于合同工期是今后计算赶工费用、工期索赔的主要依据，因此在签订合同时应尽量保证合同工期目标的科学性、合理性。

工期起始标志、完成标志必须清晰明了，不能泛泛而述、模糊不清。如"×年×月×日前通过验收"就不如写成"×年×月×日前甲方取得××验收证书"，"×年×月×日前完成××施工图设计"不如写成"×年×月×日前甲方收到合同中约定的××全部施工图图纸"。

（5）工作界面

工作界面用于区分各个合同之间各专业的工作范围、责任范围。一个大型工程项目的建设一般是按专业、按建设时序分解成多个合同，有些合同是并列完成的，有些合同之间是有前后工序关系的。如土建合同与装修合同、安装合同的界面，高压电工程合同与低压电工程合同的界面等。因此，在合同上就必须详细约定合同的工作分工界面、划清责任。下面举几个实例进行说明：

1）低压配电、照明系统和供电系统承包商的接口：低压配电、照明系统和供电系统承包商的施工分界点为变电所内的低压开关柜内出线开关下端头。

2）安装承包商与市政给排水的接口：自来水公司负责市政给水管网接驳点至水表井（含水表组件及表后第一个阀门）的施工，其阀门下游由安装承包商负责安装。

3）安装承包商负责将排水管敷设至压力井（不含压力井、化粪池）。

5. 投标文件准备

投标人应严格按照招标文件中提供的投标文件格式填写，不宜自作主张进行修改，否则很容易出现不响应招标文件的问题。在招标文件中未做规定的文件格式，投标人可根据实际情况的需要编写补充。投标文件格式中要求法定代表人或授权代表签字盖章的，一定要按照规定签字盖章；要求页签的地方，授权代表一定要在每页上页签。这是投标人很容易忽视的地方，而这些错误又常常导致废标，投标人对此应予以重视。如表2-8所示。

表2-8　投标文件格式及内容

投标文件格式名称	主要内容
投标函	总报价、总工期、投标有效期、投标保证金、履约保证金、签名盖章
授权书	招标人名称、法定代表人姓名、被授权代表姓名、职务、证件号码、授权内容、投标人盖章、法定代表人签名盖章、被授权人签名盖章

续上表

投标文件格式名称	主要内容
投标保函	保证人、受益人、担保的合同名称、担保期限、承诺内容、保证人签名盖章
协议书	合同双方名称、合同额、双方承诺、双方签名盖章
履约保函	保证人、受益人、担保的合同名称、担保期限、承诺内容、保证人签名盖章
项目部人员情况	项目经理、项目总工、经济主要管理人员、技术主要管理人员的姓名、年龄、性别、职务、职称、专业、类似业绩与经验
设备情况	主要自有设备的闲置情况
投标报价	有工程量清单的按规范执行，没有的按招标人要求
投标人组织机构	投标人组织机构与项目部组织机构介绍
投标人类似经验	项目名称、规模及总价、完成时间、建设业主评价（有具体证明）
投标人正在施工的项目	正在施工或准备施工的项目名称、规模、总价、工期
施工组织设计	明确各项资料规格、方法、图纸等要求

6．评标办法的编写

评标办法是由招标人编写的、经政府招标行政主管部门批准的评审文件，事先会发给每个投标人。评标委员会会依据评标办法的规定进行评

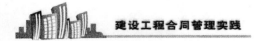

审，推荐中标候选人。因此，认真编写评标办法是招标的核心工作之一。招标能否成功，取决于评标办法是否设置得合理、细致。

一个标一般分为两部分：技术标和经济标，特殊的情况是只有技术标或经济标。编写评标办法时我们首先应考虑的是采用何种评标模式。评标模式主要有以下三类：

1）设技术门槛，技术标能超过此标准的按经济标评分从高至低推荐中标候选人；

2）设技术门槛，将技术标评分与经济标评分按权重相加得到总分，再按总分从高至低推荐中标候选人；

3）固定报价，单按技术标评审从高至低推荐中标候选人。

第一类模式适用于有一定技术要求但更看重价格的项目。

第二类模式适用于技术与经济综合考虑的项目，但须注意，这里面可能会出现两种极端的中标结果：一是技术能力很强、报价也很高，二是技术能力很低、但报价也很低。因此，一定要设置技术门槛以防止技术能力过低，技术加分应适度。

第三类模式适用于选择最强技术能力的项目，如设计标。

我们其次应考虑的是采用何种开标方式。对于既有技术标也有经济标的项目来说，目前的开标方式有两种：①技术标、经济标同时开标，同时评审，再推荐中标候选人；②二次开标方式。即先开技术标，进行技术标评审；再开经济标，进行经济标评审，然后推荐中标候选人。

技术标评审和经济标评审分别由评标委员会的技术专家组和经济专家组进行评审。专家组人数为单数，业主专家人数不超过1/3。各标评审步骤都分为两个阶段，首先是有效性审查，采用一票否决式，必须直到全部满足规定条件后才能参加后续评标；然后是实质性审查，通过打分方式评价投标人，按评标办法的规定推荐中标候选人。为了避免评委标准不一，出现意见分歧，评标办法中所设置的有效性审查条件必须是硬条件，有就是有，无就是无，判断起来应简单清晰无歧义。

但须注意，如果不是原则性的原因，不要轻易判投标人出局。建设业主之所以公开招标，是希望通过充分竞争来确定合理的价格和合适的承包商，而保证充分竞争的前提是必须有多家投标人参与投标竞争。所以，建设业主在设置符合性审查条件和实质性审查条件时，对于非实质性、非原则性的瑕疵不应列入到评审条件中，不能因些许的不足就淘汰投标人，这最终对建设业主是不利的。

我们对评审的操作规定的描述必须非常详细到位、面面俱到，评审档次必须无缝无重复。例如在规定如何推荐中标候选人时，需要说明如果全部投标人都没有达到要求时应如何处理、只有一个投标人达到要求时应如何处理、有两个投标人达到要求时又应如何处理，等等。在评审中，任何情况都是可能出现的。

评标办法的大体内容如表2-9所示。

表2-9 评标办法内容表

名称	主要内容
评标委员会组成	技术评审组组成及人数、经济评审组组成及人数
技术标评审	有效性审查、详细审查
经济标评审	有效性审查、确定评标价、详标参考价、评分
推荐中标候选人	推荐2～3名中标候选人

续上表

名称	主要内容
技术方案评审标准	项目重点难点认识、施工方法及技术措施、工期安排及保证、项目班子经验、机械设备配置、安全质量文明保证措施、同类工程业绩
技术标有效性审查表	投标人名称与资质名称相一致、法定代表人与授权代表证明有效、投标有效期满足招标文件要求、投标文件有效、文件主要内容不模糊、投标担保有效等
经济标有效性审查表	

7. 地铁周边建筑物合建

地铁工程有别于其他市政工程之处，就是其出入口、风亭等建筑物常常需与周边建筑物合建。因合建涉及不同的居民与商家，各自利益诉求不同，所以可说是一项法律关系复杂、费时费力的管理工作。由于合建对方是特定的物业业主或地块业主，不可能采用招标方式，只能是双方直接谈判。作者现将合建管理方面的一些经验体会归纳如下，以供读者在类似的工程管理中参考：

（1）合建三大原则

合建的起因有两类：一类是为了美化城市环境，按照政府规划要求，要将地铁的出入口（含通道，下同）、风亭设在周边建筑物内，客流通行要经过建筑物的地下层，再从地面层出去；另一类是地铁周边物业为了吸引客流，要求将出入口引至物业内。因此，我们将此类地铁建筑物或设施进入他方红线范围内的工程项目称为合建项目，由此涉及的所有权归属、建设费用分摊及收益分享的三大合建原则问题，双方必须在合建合同中明确此三大合建原则后才可实施：

1）所有权归属。从有利于地铁常年运营、长期保证地铁乘客安全及尽量减少与周边物业业主的利益纠纷考虑，合建项目的所有权无论是有偿还是无偿获得，都应归地铁公司所有，除非合建项目的出入口不是原先地铁规划要求的，而是物业方从地铁通道上接出来的，其所有权才可归物业方所有。如果确因一些特殊情况（非物业方主观原因）而无法实现所有权归属于地铁公司的，则地铁公司应至少无偿拥有合建项目的长期使用权。物业方转移合建项目产权给第三方时，必须保证不会侵害地铁公司的权利。

我们之所以强调合建项目产权必须归地铁公司所有，是因为周边物业大多是经营性质的，稳定性不强，物业经营者甚至物业业主都在不断更换，因而很难确保他们对地铁合建项目安全性的重视度。而且，由于物业业主、经营者的经营理念是以赢利为重，这与地铁公司重在保证市民安全、舒适出行的管理理念是大不相同的，同时，在如何正确使用地铁设施的问题上，二者必将产生不同的思路，进而可能影响到对合建项目的正常管理。

地铁合建项目不宜采用租赁方式来经营。由于地铁是以社会公共效益为重的公益性企业，原本就是微利或亏损运营，如果地铁设施采用租赁方式经营，当地铁开通运营后，随着客流的增长，营商环境逐步改善，周边物业租金逐步上涨，地铁的商业租金也必定随之上涨。而由于地铁公益性的缘故，地铁票价不可能与商业租金同步上涨，从而会造成地铁亏损加大。于是就会出现地铁越发展，亏损就越大，地铁经营就越困难的现象，这是有悖于地铁与城市共同发展的愿望的。因此，在地铁建设期间就必须为地铁日后运营管理事先营造良好稳定的财务环境。

2）合建费用分摊。对合建项目应如何补偿？不同地方有不同的做法，或是由规划部门相应调整物业项目规划指标，或是由地铁公司给予一定的经济补偿。但无论如何，合建双方一定要明白这个道理：由于地铁出入口的接入，将长期带来巨大稳定的客流，周边物业价值必能获得长久的大幅提升，这是合建项目带给物业业主的最大收益。相比之下，地铁公司在建设期间给予的任何补偿都是次要的。因此物业方在进行合建谈判时一定要对此给予积极支持，不可本末倒置，应以争取地铁早日开通为宜。

如采用经济补偿方式，应如何确定补偿费用呢？作者建议可按如下思路处理：

物业方（或经营方）提出合建意愿的（称为对方主动型），合建费用全部由物业方承担，地铁方在技术上给予支持配合。当物业方向地铁方提出合建意愿后，地铁方同意合建的，应组织双方协商，确认合建原则。物业方再书面向地铁方正式提交合建承诺书，其中双方确认的合建原则是主要的承诺内容。在此基础上，双方可同时开展方案确认、项目实施及合建合同签订等工作。

在此类合建中须注意，地铁建设规划上的出入口有两类：一是当期建设的出入口，二是"规划预留口"。其中"规划预留口"只是规划上的预留条件，是为今后可能实施的扩大地铁通行能力的工程在技术上预留的接口，而并非地铁当期建设中未完成的任务，相应地，在政府批准的初步设计概算中也没有该预留口的费用。因此，以"规划预留口"作为合建项目的，合建责任仍应全部由物业方负责。

规划部门提出合建要求的，须按照建设时间先后、物业方从合建项目中获益的程度等情况综合考虑合建费用的分摊。从建设时间先后来看，有下列三种合建类型：①双方同期报建的，即双方的报建方案必须相互结合的，称为同期建设型；②物业规划报建时地铁项目是作为既有条件来审核的，称为地铁在先型；③地铁规划报建时物业项目是作为既有条件来审核的，称物业在先型。

同期建设型的费用分摊：同期建设型是目前较为常见的一种合建类型。因双方的合建项目是政府规划部门强制要求实施的，是各自规划验收通过的必要前提条件，所以说合建项目是双方必须配合完成的任务。因此费用分摊的原则应是费用共担，具体操作上就是地铁公司按成本价作出补偿。如风亭、出入口独立占用物业方地面的，地铁公司应按物业方获得地块的成本价给予补偿；地铁建筑物由物业方代建的，地铁公司按建安成本价补偿。

在实践中，双方往往争议较大的是地铁建筑物所占用的楼面是否应该给予地价补偿问题。作者认为，规划部门在批准合建方案时应已兼顾到双方的利益，不存在谁侵占谁的利益的问题。正如房地产商在进行住宅商业开发的同时必须无偿建设公建配套设施一样，二者是一个整体要求，不能说公建配套设施的存在影响了住宅商业开发。地铁是公共交通设施，应同理对待。

地铁在先型的费用分摊：因地铁工程已实施或投入运营，所以合建的责任全部在物业方，合建费用也应由物业方全部承担。物业方在合建过程中须满足地铁工程的技术要求，施工图纸须经地铁方审批。

此类合建项目在规划引导型的地铁线路上较为多见。因地铁已投入运营，而周边物业还未规划建设，所以规划上将此类留待未来周边物业建设时再改建的地铁出入口称为临时出入口。但须注意，这个"临时"的概念只是规划上的意义，并非"临时建筑"的含义，更不是地铁公司未完成的建设任务。出入口已是按永久工程规范设计施工的，如果周边物业将

来不建设，出入口是可以长期使用下去的。可见，地铁在先型的合建项目产生的原因是物业建设，因此合建责任应由物业方全部负责。

物业在先型的费用分摊：此类型正好与地铁在先型在时序上是相反的，是先有对方的物业，后有地铁的建设规划，因此合建责任应全部由地铁方全部负责。由于考虑到地铁开通后物业方将长期享受地铁带来的交通便利与客流利好，能使物业价值得到提升，另一方面，初步设计概算在合建项目上没有多少可供补偿的余地，因此物业在先型的补偿原则还须视具体情况作进一步细化处理：①小型物业。由于地铁的接入可能占有全部物业方物业，使其享受不到地铁的长期利好，此情况可按市场价值进行补偿。②大型物业。尽管地铁的接入会使用少量的土地和部分建筑面积（一般是使用地下数百平方米建筑面积），但其余部分的物业仍将享受到地铁的长期利好与升值，利远大于弊，此情况可通过谈判进行补偿。

3）收益分享。合建项目的经济收益主要指出入口的广告收入，一般是随所有权的归属自然划分。但考虑到地铁方长期的维修管理费用开支，因此希望通过经营收益弥补部分成本费用，物业方对此应予以理解和支持。对于所有权不属于地铁方的出入口，要注意不得因经营上的分歧而影响到出入口的管理，尤其是安全性方面的管理。所以，为了地铁出入口长期管理的稳定，其管理权宜全部归地铁方，物业方只分享收益。

（2）应急情况下保证独立口功能

按照消防安全管理的要求，每个地铁站至少要开通两个或以上的独立口才能投入运营。也就是说，在紧急情况下，每个地铁站都必须有两个或以上的出入口，以保证乘客能从站厅顺畅地向地面疏散。因此，对于在地铁通道上开口，接入物业商场或停车场的合建项目，务必按照消防要求在接口处设置好防火卷闸、防盗卷闸及信号控制设备，并明确日常管理及应急管理模式。以保证在紧急情况下，接口处防火卷闸能迅速关下，且迅速形成独立出入口，让地铁乘客安全疏散。

（3）签订合建合同

由于合建的期限较长，在双方通过谈判达成共识后，应就所有权归属、费用分摊原则、收益分享三大原则及建设管理约定签订合建合同，以从法律上巩固双方的共识，保证合建项目顺利开展。在合同中还应明确合建方做物业转让时对下家的约束条件，以此保证物业转让不影响到地铁的正常运营。同时，合建合同也是双方日常运营管理的责任依据，双方还应在此基础上签订长期的管理协议。

第三章 招标评标

1. 招标是建设业主最佳的谈判方式

按招标法及相关行政法规的规定，一项大型建设工程中绝大部分的标段都是必须公开招标的，但是由于公开招标是在政府的监督下严格依照法律、行政法规的规定进行的，限制多、手续繁杂，致使部分建设业主经办人员对公开招标工作的积极性不高、主动性不强，认为与承包商直接谈判更快捷。因此，我们很有必要澄清对公开招标意义的认识，以避免公开招标工作走过场。

不可否认，承包商因长期在建设一线摸爬滚打，对专业技术非常熟悉、对人工材料价格了如指掌，是在实践中磨炼出来的行家，而建设业主因为不是总在建设一线上，所以不论其在建设管理上的能力有多强，相比承包商来说都应视做外行。那么，公开招标的意义就是让行家与行家公开竞争，让建设业主从中获得利益，建设业主与政府只须维持公平的竞争环境、防止投标人之间串标即可。而建设业主与承包商的直接谈判，则是外行与内行之间的谈判，谈判结果如何不言而喻。从另一个方面看，虽然公开招标的手续繁多，但没有难点，只要认真准备相关材料，按章办事即可，这时办事效率是可控的。而直接谈判虽然手续简单，实际上却难点重重，说不定一个问题达不成共识就耽误了半年甚至一年时间。最终双方何时才能达成共识，就要看双方的诚意、胸怀与智慧了，这种办事效率是不可控的。而且，由于直接谈判的透明性不够，会存有较大的廉政风险。

因此，无论从哪方面来说，公开招标方式都是建设业主最佳的谈判方式。建设业主应从内心充分认识到这点，进而主动地运用公开招标规则去选择合格的承包商和合理的中标价格，而不仅仅因为公开招标是法律的强制规定而已。

2. 公开招标主要流程

为了掌握好招标工作进度，每个合同管理人员都必须非常清楚公开招标的流程及其具体的管理要求，并事先做好各项准备，尤其是需上报政府招标行政主管部门审批的内容，更是不容错漏，否则被退回不予受理，会明显影响到工作进展。虽然各地的招标管理流程大同小异，但在具体操作细节上还是应按当地招标行政主管部门的详细规定执行。为了有助于了解公开招标的总体情况，现将公开招标的主要流程列于表3－1。

表3－1　公开招标的主要流程

工作名称	主要工作内容	估计经办时间
招标文件准备	招标文件内部报批，出设计图纸	2～3个月
招标文件上报招标行政主管部门审批	上报招标申请函、招标公告、招标文件	3个工作日

续上表

工作名称	主要工作内容	估计经办时间
登招标公告	招标行政主管部门审批公告内容，刊登招标公告	5 个工作日
投标申请人报名	投标申请人递交投标资格预审文件（无资格预审的报名后转入售招标文件环节）	1 个工作日
资格预审	建设业主预审小组进行资格预审	1～3 个工作日
资格预审结果公示	资格预审结果报招标行政主管部门审批并公示	3 个工作日
售招标文件	建设业主向通过资格预审的投标申请人售招标文件（无资格预审的，建设业主直接向报名人售招标文件）	1 个工作日
编标	投标人组织编写投标书	20 天以上
招标文件澄清	建设业主向投标人澄清招标文件	半个工作日
投标与评标	投标人按招标文件的约定递交投标文件，建设业主按评标办法的规定组织专家进行评审	1～6 天
投标文件澄清	投标人向评审专家澄清投标文件	
推荐中标候选人	评审专家出评审报告，推荐 2～3 名中标候选人	
中标公示	招标行政主管部门公示中标人结果	3 个工作日

续上表

工作名称	主要工作内容	估计经办时间
确定中标人	建设业主从中标候选人中确定中标人	1 天
缴纳费用	按招标行政主管部门规定缴纳场地使用费	1 天
发中标通知书	建设业主办理中标通知书，同时通知其他投标人中标结果	3 个工作日
签订合同	中标人按约定与建设业主签订合同，缴交履约保证金。	视双方内部审批程序而定

3. 招标评标程序介绍

按照招投标管理规定，招标评审须在政府招标行政主管部门监督下，由招标人依法组织评标委员会，并由评标委员会依据评标办法对投标文件进行评审。无论招标人或投标人，违反招标规定的，都将受到法律处罚。因此，合同管理人员务必熟练掌握招投标程序及其相关操作规定，依法依规招标评标，从而确保招标结果的合法性。下面是对招标评标过程中一些重要程序的介绍：

（1）资格预审

资格预审的作用，是指招标人依据经批准的资格预审评审细则对投标申请人的投标资格进行预先筛选，符合资格条件及投标人数要求的投标申请人才能成为合格投标人，才能参加后续的正式投标活动。

招标人的招标申请函及招标文件（含招标公告、资格预审细则、评标办法等）经招标行政主管部门批准后，由招标行政主管部门在招标网和其他规定纸质媒介上刊登招标公告，列明有关的招标事项，并公布资格预审评审细则内容，招标公告的有效刊登时间为 5 个工作日。在此期间，有兴趣参与的投标者可在公告载明的时限内，按公告的报名要求向招标人递交投标资格预审文件（如该项目无需做资格预审，则投标者可直接报名）。投标资格预审文件必须对应招标人的要求编制，并按其顺序进行装订，在需法人或法定代表人签名盖章的地方，一定要签名盖章。招标人将按照经批准的资格预审评审细则，在招标行政主管部门的见证下，组织对投标资格预审文件进行评审。预审文件中不清楚、有矛盾的地方，招标人允许投标申请人限时澄清、补充资料。评审结束后，全体评审人员在评审报告上签名确认，招标人将评审报告上报招标行政主管部门审批。招标行政主管部门将在招标网或相关媒介上公示通过资格预审的投标申请人名单，公示期为 3 个工作日，若无异议，则申请人就可正式作为该招标项目的合格投标人。按照招标法及行政法规规定，合格投标人不得少于三家，否则招标人应依法重新招标。重新招标后合格投标人仍未达到三家的，经政府审批部门批准后可以不再进行招标。未能通过招标人资格预审的，招标人将在评审报告中说明未能通过的原因，但无须向投标申请人解释。

对于地铁一类的大型工程，因其招标频繁，是采用投标人企业库的方式进行资格预审的。按年度或视工程需要预审投标人资格（不针对具体的投票项目），合格者入企业库。招标时直接从相应企业库中摇珠产生合格投标人。

（2）售标编标

资格预审完成后（如无资格预审的则在报名后），招标人将书面通知合格投标人前来领取招标文件及其图纸、技术资料，还有投标限价等，投标人须同时交纳招标文件的工本费、图纸押金，并立即组织投标文件的编写。在编写投标文件期间，投标人对招标文件内容需做澄清的，应尽快以书面形式正式向建设业主提出澄清问题，建设业主会在几天时间内以书面形式向全体投标人回复招标澄清意见；建设业主对招标文件的任何主动修改也将以招标澄清的形式发给每个投标人，投标人应按招标文件、招标澄清意见编制投标文件。从收到澄清文件之日起至投标截止时间止，建设业主会保证有 15 天的时间用于修改投标文件，达不到此要求的建设业主应延长投标截止日期。

投标人须按照招标文件、澄清文件约定的投标文件格式及要求编制、装订投标文件，在规定了须由法定代表人或授权代表签字盖章的地方一定要按规定办理，授权代表要在投标文件正本每页的页脚处做页签（一般是签上姓氏）。投标人还要按照招标文件的约定准备足够的副本份数，副本封面应加盖投标人公章，其他内容可用复印件（具体按照招标文件要求）。并按招标文件要求封好投标文件，在包封上写明拟投标项目名称、投标人名称、地址等，加盖法人公章和密封章。

（3）投标保证金

投标人须按照招标文件的要求及时向招标人交纳足额的投标保证金。超过投标截止时间仍未交纳投标保证金或未交足的，其投标文件无效，视为废标。开标后在投标有效期内，投标人违反招标文件规定提前撤标、不参与投标、中标后不按时签订合同等，投标保证金将被没收。按照 2012年 2 月 1 日起施行的《中华人民共和国招标投标法实施条例》（以下简称"招标条例"）的规定，投标保证金按不超过招标项目估算价的 2% 计取。

投标保证金有现金、支票、保函等方式。以现金或支票交纳投标保证金的，应将建设业主开具的收据复印件装订入投标文件，原件也要带上以供开标时备查。由于支票不是即时到账，因此投标人须在投标截止日期的前三个工作日交纳，以保证建设业主最迟在开标前一个工作日内能核查到投标保证金是否已到账。

以保函方式提交投标保证金的，必须保证保函原件的真实性与有效性，否则将是重大的失信行为，会被取消投标资格。保函原件须装订入投标文件正本，保函复印件须装订入投标文件副本。保函内容必须按照招标文件提供的格式及要求填写，否则很容易在评审时因被认定未响应招标文件要求而被视做废标。由于保函是由投标人的开户银行出具，银行一般都会有自己的保函格式，其格式内容往往与招标人的差异较大。因此投标人应事先与银行沟通好，保证其按照招标文件的保函格式要求出具保函。招标文件未提供保函格式的，投标人可参照银行格式编写。编写内容至少应包括：①项目名称；②受益人（招标人）；③投标人名称；④担保期限及起计时间；⑤承诺无条件索赔；⑥担保人签字盖章。

办理保函的所有财务费用均由投标人承担。

在招标评审结束后，建设业主将分两期退还投标保证金或保函：第一期，在招标评审结束后，建设业主即退还非中标侯选人的投标保证金；第二期，在建设业主与中标人签订合同、中标人已按照规定缴纳履约保证金后，建设业主退还中标人及其他中标侯选人的投标保证金。

之所以要分两期退还，是因为如果中标人未能依时与建设业主签订合同，或未能依时向建设业主缴纳履约保证金，按照招标文件约定，建设业主有权取消中标人的中标资格，并没收其投标保证金，然后再依法从其他中标侯选人中另行确定中标人。由此可见，在中标人未完全落实之前，其他中标候选人仍是有可能成为中标人的，尽管这种概率较小。

在退还投标保证金时，以往只是退还本金，但自招标条例颁布施行后，还要求招标人退还投标保证金及银行同期存款利息。

如果建设业主超过投标有效期仍未退还投标保证金的，投标人有权要求其退还。招标人需要延长投标有效期的，需书面征得投标人同意。投标人不同意延期的，招标人应退还其投标保证金。

（4）投标

投标人必须按照招标文件的约定在投标截止时间前向招标人递交密封有效的投标文件。这似乎并不复杂，但确实有一些投标人在这件简单的事情上栽了跟斗，白费了几个月来的心血，十分可惜。原因就是忽视了上班路途上的交通堵塞、办公楼电梯前的挤迫等情况而错过了开标时间，导致建设业主拒绝接受其投标文件。因此，投标人必须习惯提前到达投标现场，以从容地参与开标过程。

在投标截止时间前1个小时左右，招标人员就应到达开标现场接受投标人递交投标文件，并做好开标各项准备工作。此时，投标人的法定代表人或授权代表应在签到表上签到，出示身份证原件验明身份，再按照招标人员的指示放好投标文件，静候开标。记住，法定代表人或授权代表一定要到场，否则投标文件会被作为废标处理，除非招标文件明确规定可以不到场。

招标人将严格按照招标文件规定的投标截止时间准时停止接收投标文件，迟到的投标文件按废标处理。有些投标人认为自己与招标人较熟，有正当理由应该可以讲情，这就错了。在众目睽睽之下，在利益攸关面前，根本毫无情面可讲，招标人此时一定要按招标文件规定严格办事，否则极

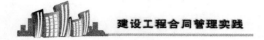

易引发投诉。

（5）开标

投标截止时间过后，招标人紧接着就开始开标。开标现场必须有政府招标行政主管部门和监督部门人员在场，参与投标的法定代表人或授权代表也应到场，评标专家不需要参加。招标人要逐一检查投标人的法定代表人或授权代表的身份证明，检查投标文件（正本）的密封性后再打开投标文件，检查投标文件的合法性，检查投标函、报价单上的主要文件的盖章签字情况及授权书，然后唱标价，在开标表上登记开标主要内容。然后由投标人的法定代表人或授权代表在开标表上签字确认开标内容，招标人员再对整张开标表签字确认，而且，政府招标行政主管部门、监督部门人员也要在开标表上签字见证。

如果投标文件在开标时因迟到、法定代表人或授权代表未到场、无授权、无盖章等明显的原因而须按废标处理的（招标文件上必须有明确的相应约定），招标人员可当场宣布并在开标表上做相应记录。投标文件内有其他瑕疵内容时是否应按废标处理，不需在开标现场匆忙决定，宜待评标专家再细致评审为好，但也应在开标表上当场作好记录。

有二次开标的（即本次先开技术标，经济标封存留待几天后再开标的），建设业主应再次告知投标人，投标人亦应主动关注二次开标的时间地点及要求，避免因不清楚相关要求而导致废标。

（6）评标

开标完成后，招标工作人员应运送投标文件到评标现场给评标专家评审，监督人员到场监督。为了保密起见，评审专家应在此时才知道评的是什么标，评审期间评标专家的手机不得使用，需另行保管，只能在指定电话上对外联系。

评审专家分为两组，技术评审组负责技术标评审，经济评审组负责经济标评审。每组评审专家，都由招标行政主管部门从专家库中摇珠产生，并且，其人数必须为单数。

由于评审专家都是临时从社会上召集来的，对项目情况一无所知，所以这种情况下评审的效果并不好。因而建设业主非常有必要用十分钟左右的时间，完整地向全体评审专家介绍招标项目的概况、技术特点、重点难点及评审办法，这样有助于评审专家迅速了解项目信息，提高评审的准确性。

投标文件内容不清楚、材料不易理解和漏报的，评审专家可以要求投标人限期做投标澄清，但澄清结果不应改变投标人的事实现状。公开招标的目的是希望通过充分竞争选出合适的中标人，如果因投标人的些许工作错漏就将投标人拒之门外，这对建设业主并不利；但如果为了增加竞争性而任由投标人澄清补充，又失去了招标的严肃性。因此，建议以投标截止日为界限，规定在此之前已存在的材料可以澄清补上，避免因投标人工作疏漏、理解有误而废标；对于在截止日期之前不存在，之后才补办的材料则不予接受，关于情况说明的除外。

评审专家必须按照独立评审的原则进行评审。如果在评审专家中出现异议或评审办法中未明确规定的问题，建议先让各位评审专家充分发表意见，再由全组评审专家独立地进行记名投票表决，然后按照少数服从多数的原则解决异议。表决表须经全组评审专家签名确认后存档。监督人员或其他工作人员的意见不应作为处理异议、问题的依据。

技术标评审中，为了了解投标人的真实情况，会在评审办法中安排面

试环节。项目经理、项目总工等主要项目部管理人员都须按照约定的时间、约定的地点到场参加面试，让评委面对面地考察。面试环节很重要，投标人必须十分重视，再忙也要让项目部主要管理人员都参加。有些投标人派来面试的大多不是拟派项目部的管理人员，这样的话无论讲得再好，都难以引起评委的重视，不容易得高分。

在经济标评审中，投标人的投标报价如果出现计算错误，根据评审办法，是允许评审专家按照评审办法的修正规则修订报价的。但这样做总是容易引起其他投标人对评审公正性的怀疑。因此，具体的修订计算资料及修订说明须由评委签名确认并归档，以备事后查阅。

评审工作的后期就是按照评审办法的规定，各评委独立评分，填写评分表。招标工作人员汇总各评委的评分结果，写出评审报告稿。评审报告稿经全体评委修改同意后，形成正式的评审报告，全体评委在其上签名确认并由监督人员签名后，评审工作结束。如表 3－2 所示。

表 3－2　评审报告的主要内容

评委名单，分别说明是社会评委还是建设业主评委，负责技术评审还是经济评审
参与开标的投标人名单，废标名单及其原因
通过符合性审查的投标人名单，未通过的投标人名单及其原因
评分结果汇总
推荐第一中标候选人名称、第二中标候选人名称、第三中标候选人名称
附件：中标候选人简介，各评委评分表及评分汇总表

（7）技术标评审

技术标评审由技术评审组负责，先作有效性审查（也称符合性审查），再作技术评分。

1）技术标的有效性审查。建设业主在本项目评审办法的《技术标有效性审查表》中已逐条列出了投标人必须具备的条件，技术评审组将逐条对照审查投标文件，将全部达到规定条件的标书视为有效标书，只要有一条未达到的则视为无效标书。无效标书不得继续参加后续的评审，即投标文件的有效性起着一票否决的作用。有效性条件一般是硬条件、不易引起异议的条件，如投标人营业执照的有效性、投标人资质等级的有效性、法定代表人的签字盖章等。

2）技术评分。有效性评审结束后，如无需进一步对技术标评分的，技术评审组应编写技术标评标报告，并推荐已通过技术标有效性审查的投标人参加经济标评审；如需进一步对技术标进行评分的，则技术评审组就按照评审办法中所附的《技术标详细审查评分标准》及《技术标详细审查评分表》，对已通过技术标有效性审查的投标文件的技术标进行详细审查，评出技术分，然后编写技术标评标报告。

（8）经济标评审

经济标评审由经济评审组负责。经济标的评审一般分为有效性审查、报价算术校核、经济标评分三个阶段。但在不同的评审方法中，三者的先后顺序不一样，具体实施时，须注意按照具体评审办法规定的程序和步骤来执行。

1）经济标的有效性审查。建设业主在本项目评审办法的《经济标有

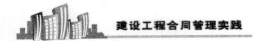

效性审查表》中已逐条列出了投标人必须具备的条件，经济评审组将逐条对照审查投标文件，将全部达到规定条件的视为有效标书，只要有一条未达到的则视为无效标书。无效标书不得继续参加后续的评审，即经济标书的有效性同样起着一票否决的作用。

2）经济标的算术校核。按照目前的评审办法，经济评审组须对投标报价进行算术校核，以修正报价错误或报价矛盾的地方。修正方法是按照就低不就高的原则（在评审办法中应具体明确修正原则）进行的，以保护招标人利益。主要做法如下：

如果用数字表示的金额和用文字表示的金额不一致时，应以文字表示的金额为准。

若单价与数量的乘积高于合价时，以合价为准修改单价；若乘积低于合价时，以乘积为准修改合价。

当累加总价与原总价不同时，道理同上。

按上述修正错误的原则及方法调整或修正投标文件的投标报价，调整后的投标报价对投标人起着约束作用。如果投标人不接受修正后的报价，则取消其投标资格，并且其投标担保也将被没收。

3）经济标评分。经济标评分方法有很多种，但其思路基本上都大同小异，即假设投标人都是基于自身的经营状况和市场条件独立报价的，其行为符合市场经济中的竞争法则，则投标人的平均报价值就代表了招标项目在当时当地的市场价格。因此，评分方法就是以投标平均报价值为基准价，评分分值设为100分。凡偏离此基准价越多的报价，扣分就越多。当然，从有利于招标人利益的方面考虑，在同样的偏离情况下（如都是偏离2%），高于基准价的扣分将比低于基准价的扣分更多些。在实际操作中，为了增加基准价的随机性，扰乱可能的串标行为，会在投标报价平均值的基础上向下浮动 X% 后才作为评分的基准价，而下浮率 X% 是在开标时才公开随机抽取的，X 可取 1、3、5、7 等。下面即将常用的平均值评标法、最低投标价法、综合评估法的评分方法分别介绍如下，以供参考：

第一，平均值评标法。在已通过投标文件有效性审查、且位于［投标限价值×70%，投标限价值］的区间的投标价中，去掉一个最高价和一个最低价后，将剩余报价的算术平均值下浮 X% 作为评标基准价（即评标参考价，下同）。

当投标标价等于评标基准价时得分为 100 分，标价每高于评标基准价 1% 时扣 2 分，每低于评标基准价 1% 时扣 1 分，扣至 0 分为止，得分精确到小数点后两位。

然后，我们按经济标的评分从高到低确定中标候选人的排序。得分相同的投标文件，按评审办法的规定确定其排序的先后。

第二，最低投标价法。我们按通过投标文件有效性审查的投标报价从低到高排序，确定经济标评审的先后次序，即先评低价、后评高价。当合格标书的数量达到拟推荐中标候选人的数量时结束经济标评审，其评审顺序就是中标候选人的排序。报价相同的投标文件，按评审办法的规定确定其排序的先后。

第三，综合评估法。在已通过投标文件有效性审查的投标人报价中，去掉一个最高价和一个最低价后，将剩余报价的算术平均值下浮 X% 作为评标基准价。

当标价等于评标基准价时得分为 100 分，标价每高于评标基准价 1% 时扣 2 分，每低于评标基准价 1% 时扣 1 分，扣至 0 分为止，可得出经济分，精确到小数点后两位。

经济评审组按照"总分 = 技术分×技术分权重 + 经济分×经济分权

重"的公式，计算各有效投标文件的总分，并按照总分从高到低来排列中标候选人先后次序。总分相同的，按评审办法的规定确定其排序的先后。

（9）推荐中标候选人

投标文件评审完成后，评标委员会（或授权经济评审组）按照评审结果的排序，在投标文件有效的投标人中，推荐前三名依次为第一中标候选人、第二中标候选人、第三中标候选人，并撰写评标报告送交建设业主。

若有效投标单位不足三家，则应当依法重新招标。

4．发中标通知书

评标委员会评审结束后出评审报告，推荐二至三名中标候选人。中标候选人经依法公示无异议后，由建设业主从中标候选人中确认中标人。按照 2003 年 5 月 1 日施行的七部委 30 号令《工程建设项目施工招标投标办法》、2012 年 2 月 1 日施行的《中华人民共和国招标投标法实施条例》的规定，招标人应当确定排名第一的中标候选人为中标人，只有在第一中标候选人出现下列特殊情况时，才按照评标委员会推荐的中标候选人排序依次确定其他中标候选人为中标人：①自动放弃中标资格的；②因不可抗力提出不能履行合同的；③未能按合同约定提交履约保证金的。

建设业主把所确认的中标人名单正式上报招标行政主管部门批准后，中标人与招标人应共同到招标行政主管部门办理中标通知书，并缴交相关费用。

建设业主向中标人发放中标通知书的同时应通知中标人前来办理合同

签订事宜，中标人应积极主动前来办理。建设业主同时要将中标结果告知其他投标人，并办理非中标候选人的投标保证金退还手续。

5．签订合同

建设业主应按照招标文件的原则及所附的合同条款格式与中标人协商，拟出合同文本。在评审过程中评标专家所指出的中标人存在的问题，建设业主应要求中标人进行澄清。招标文件、投标文件中相关的规定及承诺不够清晰明确的，双方可协商细化，但不得否定原有的原则与承诺或增加新的原则与承诺。在招标过程中项目发生变化的，应待主合同（即招标项目的合同）签订后，再另行签订变更协议，不宜直接在主合同中变更，否则会与招标文件、投标文件、中标通知书等不匹配，造成混乱，也容易被政府招标行政主管部门认定为违反招标法。

合同稿经双方批准后可以正式签订。合同中约定有履约保证金的，中标人应按照建设业主约定的时间向建设业主缴交履约保证金，若履约保证金未能及时缴交，可能使中标人失去中标资格，而且履约保证金往往是合同生效的前提条件。所以，中标人不应忽视履约保证金及时缴交的问题。

在合同正式签订并缴纳履约保证金后，建设业主应通知中标人、其他中标候选人前来办理退还投标保证金的手续。

6．各类评审办法的特点

评审办法在公开招标中起着十分重要的作用，能否招到合适的中标人，中标价格是否合理，完全取决于评审办法的思路、各项条件设置与取

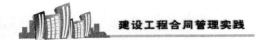

值是否合理，评审办法在本质上反映了招标人对市场情况的熟悉程度和对评审办法特性的掌握程度。因此，招标人在公开招标之前，务必要充分了解市场、熟悉专业特性与要求，以选择合适的评审办法、确定有效的评价指标。目前常用的评审办法的思路主要有三种：

1）以技术条件为门槛，选择能跨过门槛且报价较低的投标人为中标人。此类评审办法的特点是不追求技术上最强或较强，只要达到门槛条件即可，影响中标的主要因素是报价，属于价格竞争型。此类评审办法主要应用于市场上已成熟的、技术规范的、处于充分竞争中的工程项目，如土建施工类项目。

2）以技术条件为门槛，选择技术条件和报价二者的共同结果为最佳的投标人为中标人。此类评审办法既强调技术条件的优势，又要求报价相对合理，技术与经济两个因素共同作用、影响中标结果，属于综合型。此类评审办法主要应用于强调性价比高（或价性比低）的项目，或应用于各投标人的产品本身在技术上就是高低不一的，因异质异价而不可直接比较的项目，如设备采购类项目，目前在土建项目中也有应用。此类比较的方法有两种：

（价性比法）价格÷技术条件分；
（综合法）技术条件分×权重＋价格分×权重。

在实际操作中，要将技术条件、价格都化成分值进行比较。

由于此类中标结果可能出现"高技术＋较高报价"、"低技术＋低报价"的极端情况，所以在实际操作中应设置一定的技术门槛，以防止中标人的技术条件过低。

3）选择技术条件最优的投标人为中标人。此类评审办法重点强调技术优势，报价所占评分比例较低或是由招标人给定固定报价。在这里，影响中标的因素主要是技术条件，属于技术竞争型。此类评审办法主要应用于设计、监理类项目，用于选出最强的设计、监理单位或设计方案。

以上介绍的都是在招标标的明确时的评审方法，即我们已经知道了要做什么，通过公开招标选择的是由谁去做、花多少钱去做的问题。至于装修工程类的招标项目，因不同的装修方案对应不同的价格，而且价格差异非常之大，不存在可比性。此类项目就属于招标标的不明确的类型，是不可能直接招标的。解决办法是将其分成两段来招标：先招装修方案，在各投标人的设计方案基础上确定最终装修方案；再依据最终装修方案进行装修施工招标。这样，每段招标就都能转成招标标的明确的招标项目了。

7. 招标工作需注意的几点问题

自从 2000 年 1 月 1 日国家正式施行招标法以来，在以国有资金为主的建设领域中采用公开招标方式确定工程项目的中标人及中标价格之现象的日益普遍，极大地减少了暗箱操作、人为定标等不规范行为，这在我国从计划经济转入市场经济的时代环境下尤其具有重大意义。今天，我们在市场经济已较为完善的条件下，重新审视公开招标操作过程中的成功与不足，扬利止弊，以此指导我们今后如何继续开展招标工作，是很有现实意义的。作者在此结合招标实践中的体会，提出以下几点问题及改进意见供各位参考：

1）招标人应想方设法减少围标串标机会。公开招标的优势，在于利用市场竞争的特点，鼓励各投标人充分竞争，使招标人通过竞争方式获取合理的市场价格。如果投标人之间围标串标，公开竞争的优势则会尽失，

招标人获得的也就不是市场价格，而是贴近投标限价的人为价格了。严重的，还会导致招标失败，从而迫使招标人提高投标限价。因此，减少乃至杜绝投标人围标串标是招标人招标管理工作的重中之重。招标人应从投标报名、售标书、招标澄清等各个环节防止投标人信息的泄露，最好将操作方式改为一对一方式，并加强招标人员的保密管理工作。在政府建设管理到位、诚信体系建立有效的前提下，应研究采用开放的招标方式，即不需招标报名，所有招标文件、招标澄清文件都只在网上对外公布，在投标截止前投标人才露面参与投标竞标，这样可有效杜绝投标人信息提前泄露的问题。

2）应尽快建立全国性的工程建设管理信息体系。按照当前的招标管理规定，在公开招标中不允许设置区域性歧视条款来排斥其他地区的承包商参与投标，因而大型建设工程项目的公开招标范围基本上是面向全国的。如果没有建立起有效的全国性工程建设管理信息，招标人将无法确认外地投标人的业绩及主要管理人员的情况，这就会使招标工作中存在严重的信息不对称的隐患。招标人目前能做的仅是对承包商报来的资料进行形式上的评审，这里面就隐含着建设业主需承担由此带来的不诚信风险。从近年的查处情况，如个别投标人伪造工程业绩、个别项目经理的项目经理证书做假来看，就可见一斑。因此，政府要大力推进全国性的工程建设管理信息体系，实时可靠地记录承包商的业绩、诚信、团队、安全等原始信息，这样才能使建设业主的全国性公开招标有公平评价的基础。

3）公司业绩与人员业绩不一致。目前对投标人的业绩审查主要是对投标法人业绩的审查，如某某年取得了什么业绩、获得了什么奖项等。但是，任何辉煌业绩的取得都是与具体人员的努力贡献分不开的，这些人员包括当时的具体领导者、管理人员及技术工人。在计划经济年代，人员流动性不高，大多数人都是一辈子服务于一个公司，个人取得的业绩基本就是所在公司的业绩。但如今，人员流动频繁，当初创造优秀业绩的人员也许早已投奔他处，而他们当时所取得的业绩仍永久留在原公司，这就出现了名实不相符的情况。因此对业绩的评价，更重要的是要将业绩与取得业绩的个人密切挂钩、而非与公司挂钩，这样才能促进公司重视人才和促进个人重视诚信。

4）公开招标方式只能应用于成熟的、重复的工程项目。公开招标的做法就是建设业主制定技术要求与资质条件，编制出工程量清单和投标限价，然后通过市场上符合条件的投标人竞标来选出中标人及确定中标价，这就意味着招标人对招标项目的技术实施及价格组成都要了如指掌，投标人也是如此，因此这些项目必定要是成熟的项目。对于创新性项目，由于需在摸索中不断改进，招标人在开始时并不清楚具体的实施过程和技术要求，更提不出清晰的价格清单，所以创新性项目是不宜采用公开招标方式的，制度上应对此有具体操作上的规定。

5）对不得低于企业成本价的理解。招标法第三十三条规定："投标人不得以低于成本的报价竞标……"。其目的就是要避免个别企业为了中标业绩，不顾成本实际情况而拼命降价，人为扭曲了正常合理的市场价格，使投标人自己不得不为此承担亏本的风险责任。但从招标实践来看，执行此条规定较为困难。一是经济评审的时间只有短短的一两天，评委不可能有足够时间详细核查投标人的财务账本；二是企业的最低成本线如何难以划定。在市场经济中，人工、材料、机械设备的来源各不相同，成本费用水平必然不一样；此外，各投标人的企业内部管理水平有高有低，也明显影响着企业的成本水平。

作者曾经在内部评审项目中遇到过此类问题，印象较深。当时有一个挖运泥土的项目，运距 20 多公里，市场上的合理价应在 20 元左右，但其中一个投标人报来的单价只有每立方几元，明显与其他的投标人报价有相当大的差距，有些评委就认为此报价有问题。经澄清后才知道，原来该投标人在本项目附近还有另一个项目准备上马，目前正在招倒泥土。本项目的土质较好，他们准备运去做填土用，因此价格可以很低。同样道理，一个外省的承包商，由于在本市正在施工的项目接近尾声，就可考虑用原班人马及其机械设备去承接下个新项目，从而在新项目报价中，队伍、机械设备调迁费用就可大大减少。因此，我们不能孤立地看待一个项目的成本构成，有些成本因为是共用性的，所以可以有效降低成本费用。

从经营策略来说，如果年度生产任务已经较为饱和，那么投标人对新项目的投标报价就会偏高；如果年度生产任务严重不足，投标人则会抱着"少亏为盈"的心态参加投标，想尽办法获得中标的机会，为企业争取生存的机会，那么其报价就会偏低，甚至会达到亏本的程度。由此可见，对同一企业而言，不同生存环境下的投标策略是不同的。我们不能静止地、单一地评价投标人的报价是否低于成本价的问题，而要实事求是、综合考量，只要投标人的解释合情合理，招标人就不应拒绝其报价。

6）小项目不宜采用公开招投标方式。目前国内建设工程项目招投标管理越来越规范，已从人治逐步走向了法制。个别地方更是把招投标做为廉政反腐的重要方面来抓，同时，规定必须公开招标的工程金额也越来越低，有些地区甚至规定 30 万元以上就必须公开招标，对此，作者认为值得商榷。因为在公开招标过程中，需要付出不少费用，一个项目的公开招标、评标过程中，能清楚计算出的费用就包括招标投标文件印制费、招标场地费、评标专家费、交通费、食宿费，这些费用合计一般在 5 万元以上，相当于 30 万元的 16 %，从经济效益上来评价，这是得不偿失的。

而且招标法规及"招标条例"中都明确规定了采用公开招标方式的费用占项目合同金额的比例过大的，可以采用邀请招标方式，所以公开招标方式是不宜推广到小项目中的。尤其是近几年来，物价明显上涨，十年前未达到公开招标规模的，如今可能已经达到，因此，除了认真执行好招标制度外，还要平衡好项目的经济效率，这也是招标制度的目的之一。

7）诚信不应与合同业务量挂钩。为了解决招标机制中不考虑投标人以往表现的问题，有些地方目前引入了诚信评价，对投标人以往在工程建设中的各项表现打诚信分，将其分值加入评标分中，使以往综合表现好的投标人更具中标优势，从而激励各承包商重视长期诚信表现。虽然在某种层面上，这是一项很有积极意义的改进，但将诚信分值与承包商的业务量挂钩，获得合同业务越多的承包商其诚信分就越高，这是值得商榷的。因为承包商获得合同的能力与其诚信表现并不是因果关系，万一承包商正是利用不正当手段获得合同业务的，则其诚信就大有问题了。

8）评审中不再修正投标报价。由于经济标评审的时间只有 1～2 天，时间紧张，评审工作量大，评审专家未必能全部发现投标报价中存在的问题，因此由评审专家对投标报价进行算术校核并且修正投标报价是存在一定风险的。我们建议可考虑让评审专家只做算术校核但不修正投标报价，即仅让他们用从算术校核中发现的问题提醒投标人，但不允许他们修改投标报价。投标人只能决定在投标报价有问题的情况下是否接受中标，尤其是当报价漏项情况较严重时。这样，既尊重了投标人的原有意愿，又避免了评审专家评审不周的风险，同时，还杜绝了潜在的利益博弈风险。

第四章 合同履行

在招标人与中标人签订合同后，招标人（建设业主）就成了甲方，中标人（承包商等）就成了乙方。有关甲方、乙方的划分是约定俗成的，并无高低、贵贱之分，在法律上，合同双方是平等的。在合同签订并生效后，双方就进入了合同履行阶段，按照合同约定的内容具体实施。

1. 合同履行阶段工作内容

合同履行一般由相关的业务管理部门负责（如施工合同由工程管理部门负责，设计合同由技术管理部门负责，采购合同由材料管理部门负责）合同管理部门则起着合同监督管理的作用，这样，相关业务管理部门与合同管理部门在合同管理上分工合作、密切配合就能共同促进合同的有效履行。合同履行阶段中的主要管理内容有四部分，即合同信息台帐管理、合同款项支付、合同变更管理和合同结算管理，其中业务管理部门的日常工作包括：①合同信息台帐的及时录入与维护；②确认合同项目进度；③确认合同项目质量；④审核合同项目款项支付；⑤审核合同变更；⑥审核工程结算；⑦负责合同档案归档。

合同管理部门的日常工作包括：①合同信息台帐的及时录入与维护；

②监督合同进展情况，及时应对各种风险；③审核合同项目款项支付；④审核合同变更；⑤负责组织工程结算，配合财务部门做财务决算。

2．合同信息台帐

合同信息台帐是合同管理最基本、最重要的基础，是各级管理人员全面了解合同情况、进行合同动态管理的重要依据。合同管理人员必须及时、完整、准确地做好相关数据录入，并大力推行信息化技术，以提高合同信息管理效率，减少合同管理工作量。

合同履行阶段涉及的合同台帐一般分为五类（招标信息台帐未计在内）：合同办理进度台帐、合同基本情况台帐、合同执行情况台帐、合同结束状况台帐及合同变更台帐。其中，合同变更本是属于合同执行中的一部分，因其特殊性与复杂性而单列成台帐。各类台帐的登录内容及管理重点如下：

1）合同办理进度台帐。其管理重点在于要随时检查、了解合同办理的进度，以便对进度受阻的合同及时采取推进措施。台帐登记内容包括合同名称、主办部门及主办人员、开始办理日期、招标方式、进度情况（合同准备、澄清谈判、各部门会签日期）、签字盖章日期、合同派发日期、派发部门及份数等。

2）合同基本情况台帐。该台帐反映合同静态的基本信息，包括已签订合同的合同编号、合同名称、双方名称、主办部门、来源方式（公开招标还是直接谈判）、合同金额、合同工期、合同担保及收付款的简要约定。此外，变更合同（协议）应与主合同列在一起。该台帐一次性录入即可。

3）合同执行情况台帐。该台帐反映的是合同动态信息，主要是登录主合同及变更合同的履行情况内容，包括合同编号、合同名称、合同实际收付款金额和日期、担保缴交退还情况和日期、合同结算报送审批的金额和日期。

4）合同结束状况台帐。其作用是在一定时限内保留合同的可追溯性，登录内容包括合同编号、合同名称、结束时间、归档情况、存放位置等。

5）合同变更台帐。该台帐详细记录了合同变更的原因、变更审批进展情况及变更金额。登录内容包括主合同名称、变更合同名称、变更编号、变更主要内容、变更原因、变更提出日期、各部门的审批金额及日期、终审批准日期及金额、变更合同（协议）签订日期。

在以上五类台帐中，须保证同一合同的合同名称及合同编码应是相同的、唯一的，并以此作为统一的检索索引，以方便在不同台帐中迅速检索同一合同的各方面内容。应用电子信息技术后，合同信息的检索不再是按台帐类型一个一个地查找了，而是能将同一个主合同的所有内容及其全部的变更合同内容都无缝显示在屏幕上。

我们从合同台帐上应能够清楚了解合同的各方面细节，以满足合同管理的各类要求。特别是要在合同台帐中详细记录合同收付款的细节，如预付款、进度款、代垫款、代扣款等，不能一笔带过、只记一个总数，以方便今后检查分析。从合同管理实践来看，对于账款事宜，我们总免不了有依赖性，动不动就请财务人员去查财务账。但是我们要知道，财务人员是按照财务会计制度建账登记的，这些记录不一定正好符合合同管理的口径。并且，如果我们这样做的话，在需要核账时，财务人员就必须按照合同管理的要求重新清理一遍，不但十分辛苦，效率也不高。这种不合理的情况出现过不少，尤其是需要清查数年前的合同账务时更是如此。故合同台帐必须记载到位，使其能够快速方便地全面提供我们所需的合同管理信息。而合同台帐信息的录入分工，应遵循"谁产生谁录入"的原则，以保证信息来源的权威性、准确性和唯一性。

3．合同款项支付

合同款项的支付有两种形式，一种是计量支付，另一种是按形象进度支付。合同款项支付管理主要包括履约保证金、劳保金、预付款、进度款、结算预留金、质量保修金等，所有的款项支付动作都必须严格按照合同约定来执行。我们要认真查验相关支付证明依据及收款发票，了解业务部门、监理工程师的审核意见，检查支付累计额是否与进度相符，有无超合同支付，并做好台帐记录。

履约保证金由承包商向建设业主缴交，缴交方式主要有现金、支票或保函，具体缴交的时间与金额按合同约定执行。

在合同项目完成后，建设业主应向承包商退还履约保证金本金，一般不计利息。施工类合同的履约保证金是在工程竣工验收后退还；采购类合同的履约保证金是在材料设备交付验收完成后退还，分批交付的可分批退还；服务类合同的履约保证金是在服务完成后退还。有质量保修期义务的合同，建设业主已从应付合同款中扣留质量保修金作担保，不需履约保证金重复担保。

预付款支付的前提条件、支付日期与金额均按合同约定执行。由于是预先支付的款项，承包商应在收取预付款之前向建设业主提交有效的同等金额的经济担保（一般是保函），以确保建设业主的权益不受损害。当乙方完成的合同项目价值大于预付款额之后，建设业主就按合同约定分几期

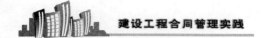

从应付乙方的合同款中扣回预付款，预付款应在合同项目完成前扣完。

进度款按计量支付方式支付的，由建设业主在承包商月度（季度）完成的合同价值中扣除相应预付款、劳保金、预算预留金、质量保修金及其他合同约定的扣款后向承包商支付。按形象进度方式支付的，建设业主在确认承包商已达到形象进度点后按合同约定比例向承包商支付。

结算预留金在结算价审定后结清。小型项目由建设业主审定，而大型市政工程的结算往往是由政府部门审定的，如果政府核减额大于结算预留金额，则可能出现超付，因此，须注意结合政府的核减水平来调整往后合同的结算预留金预留比例。

质量保修金在质量保修期满后结清。业务管理部门在支付审核时，应说明在合同质量保修期间承包商对工程质量的维护是否足够，建设业主有无另请第三方维护等的情况，如有，则应先向第三方支付维护费用，并从质量保修金中扣除，按余额结清费用。

4. 合同变更

在合同履行阶段，因地质条件变化、设计变更、市场变化、不可抗力、政府政策变化、建设业主管理要求变化乃至合同双方更改名字等诸多原因影响，而需要改变双方原先签订的合同内容的情况，称为合同变更。其中，双方原先签订的合同称为原合同，为反映合同变更内容而签订的合同称为变更合同（或变更协议）。变更合同一定是相对原合同而言的，在执行中，"原合同＋变更合同"就是双方新的合同约定内容，我们在变更合同中必须强调当变更合同的约定内容与原合同的约定内容相矛盾时，以变更合同的约定为准。

　　合同变更管理是合同履行阶段非常重要的管理环节，如果说招标环节是签订合同前最重要的管理控制点的话，那么合同变更管理就是签订合同后最重要的管理控制点了。无论当初合同签得多好，如果合同变更管理得不好，出现很多不合理变更，那就等于是前门紧闭，后门却洞开，前功尽弃。

　　我们不要指望一项大型工程建设过程中不发生任何的合同变更，但也不必把合同变更当作问题来管理。合同变更越多并不表明合同管理越差，在许多情况下，合同变更是有其必要性和积极作用的。从设计合同方面来说，设计更多是依照规范来做的，而规范只是以往工程经验的标准化，是共性的东西，并非针对某个工程的具体情况，因此，在工程设计中，需要设计师依据个人经验与判断进行选择、修正与补充。不同的设计师有不同的设计结果，于是，这当中就存在一定的人为不确定因素，从而可能发生合同变更。在工程地质资料方面，按现有的勘探技术要求，详勘孔距也在20 米之上，也就是说，在平面上孔与孔之间有着 20×20 平方米的不为人知的空白区域，在地质复杂地区，这么大的区域下隐藏的未知因素很有可能会改变将来的施工方案或设计图纸，这是工程建设中常见的引起合同变更的原因。除了地质影响外，工程实施期间周边环境的影响、周边房屋的安全问题、周边居民对施工噪音的限制要求等也会使原有的建筑方案、施工组织方案发生改变，从而产生合同变更。政府各项管理政策的变化也会导致合同变更，如前些年房地产调控中户型面积控制比例、近年的环保节能政策等的变化。市场变化也是合同变更的一个原因，如 2004 年建筑材料价格的大幅上涨。另外，由工程延期带来的合同变更还会引发一系列的变更，使得合同变更复杂化，工程延期越长，问题越严重，不但使人工材料设备价格上涨了，规划设计规范改变了，连同工程竣工验收的管理要求

也会改变。

　　总的来说，工程建设中无论事先对合同的考虑是多么细致缜密，但由于履行期间的影响因素太多，合同变更在所难免。我们如果期望通过合同条款将合同变更风险全部转移给承包商也是不切实际的，正确的态度应是将合同变更视为常态管理内容来抓。建设业主对合同变更的管理重点，不是防止合同变更的发生，而是防止不合理、不必要的合同变更发生。我们要杜绝由低级错误、管理不作为或渎职原因引起的合同变更，同时，对于那些对整体工程效益有利的、对工程安全有利的合同变更，要予以支持。合同管理人员一定要从工程整体利益上考虑问题，从工程质量、安全、进度、投资等多方面综合判断合同变更的利弊。一项大型市政建设工程要历时数年之久，其在征地拆迁等方面的前期投入巨大，因而，工期每拖延一天，所花费的时间成本都十分可观。如果变更某项措施能缩短工期，虽然增加了措施费用，却能大大减少整体工程的时间成本，还是很合算的。

　　从另一方面来看，合理的合同变更费用应是工程合理成本的一部分，我们不能先入为主地将原合同的合同额当做合同工程的当然成本，原合同的合同额，只是在签订合同当时按一般经验计算出的工程费用预估值，没有包括后来在实际实施过程中发生的合同外费用，因此，它不是工程项目的真实成本。只有在工程实施完成后，将原合同额加上合理变更的费用才是真正反映本工程项目特点的真实成本，才是本工程项目的合理成本。所以，在合同管理上给合同变更设置比例限制或将合同变更纳入考核，不但对合同变更无益，还会扭曲双方正常的权利义务关系。尤其在一些工期紧的工程项目中，若在许多条件不具备的情况下推进工程建设，必然会引起较多的合同变更，但这并不意味着该项目的合同管理很糟糕。

（1）合同新增项目与合同变更的区分

合同变更的内容，一类是置换、删减原合同的部分标的，比如将原土建合同中的搅拌桩围护方式变更为连续墙围护方式；另一类是增加新项目，如在小区建设中增建一栋建筑，在土建合同中增加安装工程，在施工现场多砌一道围墙、追加购买设备等。前者是狭义的变更概念，容易理解；后者则不容易掌握，因是新增项目，可能适用变更流程，也可能必须招标，合同管理人员应注意加以正确区分，避免违法违规。按照招标法规定，新的工程项目达到一定规模的，应采用公开招标方式招标，除非特殊情况才允许不招标。为此，作者将法律法规中关于可以不招标的规定摘抄如下，符合规定情况的新增项目就可以按照合同变更流程办理：

由七部委颁布的于 2003 年 5 月 1 日起施行的〔2003〕30 号令《工程建设项目施工招标投标办法》规定：

第十二条 需要审批的工程建设项目，有下列情形之一的，由本办法第十一条规定的审批部门批准，可以不进行施工招标：

（一）涉及国家安全、国家秘密或者抢险救灾而不适宜招标的；

（二）属于利用扶贫资金实行以工代赈需要使用农民工的；

（三）施工主要技术采用特定的专利或者专有技术的；

（四）施工企业自建自用的工程，且该施工企业资质等级符合工程要求的；

（五）在建工程追加的附属小型工程或者主体加层工程，原中标人仍具备承包能力的；

（六）法律、行政法规规定的其他情形。

2012 年 2 月 1 日起施行的国务院第 613 号令《中华人民共和国招标投标法实施条例》：

第九条　除招标投标法第六十六条规定的可以不进行招标的特殊情况外，有下列情形之一的，可以不进行招标：

（一）需要采用不可替代的专利或者专有技术；

（二）采购人依法能够自行建设、生产或提供；

（三）已通过招标方式选定的特许经营项目投资人依法能够自行建设、生产或者提供；

（四）需要向原中标人采购工程、货物或者服务，否则将影响施工或者功能配套要求；

（五）国家规定的其他特殊情形。

我们通过归纳分析上述法律法规精神可知，不具备充分竞争条件的项目可以不招标。因此我们建议新增项目具备充分竞争条件的，应按公开招标程序办理；不具备充分竞争条件的，可按合同变更程序办理。

比如，新增项目是增建一层建筑物（假设已达到公开招标金额），如果该施工场地及水电道路等施工条件都是能自由使用的，则该新增项目应按公开招标程序处理；如果该层建筑物是在施工中的建筑物上加层，由于该层建筑物的施工场地、水电道路条件已被现承包商使用，现承包商明显比其他承包商更具有竞争优势，其他承包商无法与现承包商平等地竞争，因此该新增项目可按合同变更程序办理，由建设业主与现承包商协商，按原合同原则将该加层工程委托给现承包商施工。假如原工程项目已竣工并移交给了建设业主，承包商已撤场，那么加层工程的施工场地等施工条件又是可以自由使用的了，则各承包商完全具备充分竞争的条件，故此时的加层工程就必须要按公开招标程序处理了。

（2）合同变更流程

合同变更办理流程主要包括：①合同变更提议；②确定合同变更技术方案；③确定合同变更原则；④审核合同变更金额；⑤签订变更合同。

在变更合同签订后，将变更合同履行阶段的管理纳入日常的合同管理即可。我们现将合同变更各流程的工作内容与管理重点介绍如下：

1）合同变更提议。合同变更可由建设业主、承包商、设计方、监理方、咨询方或供应商提出，由谁提出其实无关紧要，重要的是建设业主和承包商的审核把关。相关人员接到变更的提议后，应首先由监理组织各方共同讨论，从技术、经济上分析变更的必要性、可行性和合理性，再由承包商整理补充完善相关变更资料，形成正式的合同变更申请，经监理审核后，正式提交建设业主审批。合同变更申请中应含有合同变更技术方案、变更预算、分析材料及其支持资料。

2）确定合同变更技术方案。在工程建设中，大多数的合同变更都是与技术有关的。建设业主在收到合同变更申请后应由技术专家牵头组织做技术方案审查，以确认合同变更技术方案的必要性、可行性及合理性。合同变更技术方案需要修改的，承包商应修改后再提交建设业主审批。

3）合同变更申请经过建设业主的技术审查后，由合同管理人员牵头组织对合同变更进行审查，以确定合同变更原则。审查内容包括查清合同变更原因，分清变更责任，明确变更范围、取费标准及费用分担原则。

4）建设业主依照合同变更原则审核、审批合同变更预算。

5）合同变更申请经建设业主批准后，双方签订变更合同。

在确定合同变更技术方案步骤中，设计部门在提交技术变更方案的同

时应提供变更概算额，这是按照初步设计概算口径计算出的变更金额，用于比较变更技术方案的经济可行性。此概算变更金额与之后的合同变更预算金额二者是不一定一致的，前者是按概算口径估算的，是本次变更导致概算费用变化的变化总值，不涉及谁承担费用的问题；后者则是按合同价计算的总变更值及双方各自分担的责任。

合同变更流程中的合同变更技术方案审查、合同变更原则的确定及合同变更预算审核三个环节之间，既是前后关系，又是相互影响的。在合同变更技术方案审查通过后，就进入合同变更原则、合同变更预算审核环节。如果合同变更预算审核的结果是变更预算与变更概算差异较大的，应重新检查合同变更技术方案的合理性，找出变更概算与变更预算的差异原因是否合理，然后再继续实施合同变更，而不能只是从程序到程序，因为程序合法不等于结果合理，制定任何程序的最终目的都是为了使管理结果更加合理有效。

在办理合同变更时，为了缩短建设业主变更审批的时间，建设业主不必等待变更预算审核完毕后才组织审核变更，因为预算的审核一般都要花半个月甚至一个月的时间，而工程的进度要求是等不了这么长时间的。较为积极的做法是当建设业主接到合同变更申请时，立即花半天或一天的时间组织做变更审查，确定合同变更原则，然后承包商即可按照建设业主批准的变更原则组织实施变更，同时提交变更预算，预算人员则依据批准的合同变更原则审核变更预算，这样就可大大减少建设业主的变更审批对工程进度的影响，既坚持了管理制度，又能保证工程进度。

（3）合同变更审查原则及注意事项

合同变更审核，即明确该变更是否成立、如何变、变多少的问题，其基础是以双方的合同约定为准。为了判断合同变更是否成立，就必须弄清楚引起合同变更的来龙去脉，查明变更原因、合同变更责任归属及合同中对该变更有无明确约定等，然后再具体明确合同变更的各项细节，包括变更范围、价格引用和取费标准。合同中已明确约定可变或不可变的，就必须严格执行合同的约定；合同中没有约定或合同约定不清楚的，应该按照合同法的公平原则双方协商解决。下面作者就列出合同变更审查中须遵循的原则及注意事项，供大家参考：

1）原合同优先原则。所谓合同变更，就是在原合同基础上做的修改，在合同审查中必须处处体现原合同优先的原则，不得违反原合同约定。合同变更一般包含了两种类型的变更内容，一种是单纯在原合同数量上增减的变更，价格不变、技术标准不变；另一种是新增项目，在原合同上无对应的技术标准和价格。因此，合同变更预算审查中的价格引用规则是：①合同内有对应价格的，直接引用合同内价格；②合同内只有类似价格的，参照其相应的人工、材料、机械台班价格及各项费率取费标准，重组价格；③合同内没有对应价格也没有类似价格的，双方进行市场询价，按原投标报价的下浮率确定价格。

在直接引用合同内价格时，必须注意原合同内价格是否合理，对于工程量变化较大的项目，要考虑原价格的合理性。如果原合同价格属于不平衡报价的价格，在变更后将引起建设业主较大的费用增加或利益受损的，则须通过谈判或其他措施予以拒绝，以修订不平衡价格；对于工程数量明显变化的，应判断价格是否会因数量的明显变化而变化，从而调整价格。如工程监测收费，按照2002年3月1日起施行的《工程勘察设计收费管理规定》，该项收费是按观测点次计收的，观测点次数乘以收费标准就是收取的总费用。在正常的工作标准下此费用是合理的，但当发生紧急情况需加密监测时，如由原来每天监测一次加密至每个小时监测一次，但仍按原收费标准计费就显得不够合理了。因为我们在原收费标准中，已将正常状态下的固定成本、变动成本全部分摊到了正常的观测点次中，但加密监测时所增加的固定成本、变动成本远远不会像加密工程量那样数十倍地增加，所以加密监测时的合同变更价格就不宜直接套用合同中的原收费标准，建议双方按"实际成本＋利润"的方法进行估算，以确定合理的合同变更费用。

2）全面变更原则。一项合同变更可能引致多方面的相关变更，在判断合同变更时务必将这些相关变更考虑在内，才能使合同变更的决策准确合理。如地铁建设中地铁车辆设计长度的变化，将引起地铁站台长度的相应变化，从而使地铁车站两端的隧道长度产生相应变化，这时候不但车辆的价格会发生变化，车站、隧道土建项目的总价也必然因车辆的变更而调整。因此，在评估车辆变更时就不能只考虑车辆本身的价格变化，还应与土建的价格变化一起判断才是合理的。又如，房地产开发商为了促进房屋销售，承诺给每个购房客户赠送一台即时加热的电热水器并负责安装，每台电热水器只是几千元左右，所花费用不多，但由于每台电热水器的功率是2千瓦以上，安装后的每户总用电功率已超出设计功率，使开发商必须为此营销承诺报装扩容，更换更大的变压器，重新敷设供电电缆。可见，由此增加的费用远比当初赠送电热水器的费用多许多。

建设中的任何变化，常常是牵一发而动全身，因此我们必须从全面变化的角度评价变更的利弊，避免因考虑不周而犯错。

3）全面了解原则。我们在审核合同变更时全面了解合同变更的来龙去脉，才能真实了解合同变更的根本原因。因此，合同变更审查应以会议的方式集中讨论了解，以保证信息的真实性、全面性。参会人员应包括建设业主经办人员、承包商、设计、监理、咨询等相关人员，他们要了解过程，收集书面依据，分析判断，共同确定合同变更原因。因大型工程建设的时间长，涉及因素多，引起合同变更的原因也是较为复杂的。比如，某工程目前现状是承包商施工严重滞后，需变更措施加快进度。引起承包商施工进度滞后的原因是建设业主上期支付工程款滞后；而导致建设业主支付滞后的原因又是承包商上期的工程质量有问题，造成返工；造成工程质量问题的原因，则是建设业主指定的混凝土供应商提供的混凝土运输时间过长；造成混凝土运输超时的原因是因为当时进场道路发生了意外坍塌……，如此等等，一路往前追溯的话，合同变更原因将越来越明朗（但也有追不下去的时候）。由上述例子可看到，引起合同变更的真实原因是复杂的，双方的责任相互交错，如何从错综复杂的关系中理出主要的、关键的合同变更原因，将时时考验着合同变更主持人员的智慧。

4）合同约定不清的问题。合同变更是在原合同基础上，双方通过协商修改原合同内容。由于变更操作的法规性、透明性不强，已存在着较大的风险，如果合同条款还存在这样那样约定不清的问题，就更加剧了合同变更的难度。所谓合同约定不清的含义有两方面：

一方面是合同条款字面上的约定不清楚。正确的约定应是在合同条款中明确哪种原因引起的变更按何种原则办理合同变更。但在实际条款约定中，要么是类型不全，导致部分变更无对应的适用条款；要么是缺少因果关系，泛泛而指，造成应用中的困难。例如"合价项目不予变更"的约定就与变更原因无关，属无限风险的约定，这按目前制度是不允许的。由此可见，此约定是不清楚的，它没有说明其适用范围或约束条件，导致无限引用。

另一方面约定不清的例子是"在任何情况下合价项目均不予变更"，

此条约定虽然明确了"任何情况下"为适用范围，看似约定清晰，但由于"任何情况下"包括了建设业主的原因、不可抗力的原因等，如果对这些原因导致的变更均不予办理的话，很容易由于被指合同约定显失公平或违反不可抗力的处理原则而产生法律纠纷，最终可能是通过法律手段强制调整。所以说此类约定同样是约定不清的。

属于合同约定不清的条款，不能直接用于解决合同变更问题，而应退回到合同原义上，依据合同法的公平原则进行变更处理。

在理解合同约定含义时还应注意另一类的"隐性约定"，即国家法律、行政法规、行业规范标准的相关规定，这点很容易被忽视。因工程建设管理并非是在真空中发生的，而是在国家法制环境下的依法活动，不论合同中是否明确约定，法律法规的管控作用是始终有效的。如合同约定由承包商砌筑某规格的砖墙，虽然合同中没有进一步明确实施步骤与要求，但由于国家在砌筑砖墙方面已有相关工艺的规范标准，承包商在实施过程中就必须严格按照规范标准认真实施，而不能归咎为合同约定不清。合同中更多的是载明双方需订立的特殊约定，而国家法律、行政法规、行业规范标准则属应知应会的知识，不需在合同中重申。

5）不平衡报价问题。不平衡报价是投标人为了额外获利而采用的一种投标技巧。承包商会认真了解建设业主的招标意图与方案，研究日后可能的改进之处，在将来可能增加工程量数量的地方报高价，在可能减少工程量数量的地方报低价，在报价阶段就预先埋伏好不平衡报价，并在合同履行阶段想方设法按照自己预先设想的方向进行合同变更，从而获取额外的厚利。不平衡报价的另一种形式就是让资金早点回笼。在整项工程项目报价中，前期实施部分的项目报价高些，后期实施项目报价低些，这样，资金就能早些收回，从而减轻承包商的资金压力。

不平衡报价只有在合同变更后才能获利，如果无变更发生则无从获利。因此，防止不平衡报价的措施，一是要确保在招标时设计方案成熟稳定，使招标工程量清单中预估工程量与实施时的工程量尽量接近，没有大的差异，让不平衡报价无从发挥作用；二是在招标时对主要项目设置价格区间，投标人只能在此区间内报价；三是可考虑使变更部分的单价与合同内的单价脱钩，不受不平衡报价的影响。比如，可依据政府相关定额及承包商投标时的总下浮率确定变更价格。

6）以项目最终效益决定合同变更。合同变更是在合同条件变化后所做的应对措施，最终目的仍是维护工程项目的最终效益。因此，不能单纯从合同变更本身来判断是否值得做合同变更，而是对工程项目有利的变更要支持，对项目不利的或利益不明显的则不予支持。如房地产开发项目中，在某些部位增加装修投入将显著提高项目档次，带来明显的经济效益，此类变更是应予支持的。同样道理，其他类似的通过合同变更能带来明显的经济效益、社会效益或安全效益的，都应该认真考虑，支持其变更。我们应积极主动借助合同变更手段实现综合效益最大化，或投入产出最大化。在最大化的目标前，或增加投入、或减少费用，二者都是可能的最佳途径，而不是单纯地将费用一再削减。

7）及时办理合同变更。合同变更是随着工程项目的进展而发生的。为了动态掌握项目的实际进展及投资变化情况，务必及时处理合同变更。当合同变更发生后，应及时申报合同变更、确定合同变更原则、审核合同变更预算、签订变更合同，做到来一个处理一个，不拖延不积压。不允许承包商选择性上报合同变更，对自己有利的合同变更抓紧提交建设业主审批，而对自己不利的合同变更，如调减项目，则一拖再拖、迟迟不报，到最后关头才提交。这样做不但会使建设业主掌握不了实际的投资情况，更

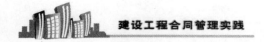

会影响到后期的工程结算进度，或使工程款项超付。因此，建设业主必须在合同上约定具体的合同变更时限要求，在变更实施完成后一定时限内，承包商必须提交变更结算给建设业主审批，如果因承包商原因超过时限不提交的，应对其有经济制裁措施。

8）工程数量的复核。工程数量的审查主要由工程技术管理人员负责，合同管理人员仅对主要部分的工程量做抽检复核。复核工作除了合法性的检查外，比如检查监理是否签名，项目经理、建设业主代表是否签名等，还应从两方面进行实质性的审查。一是总体指标上的合理性检查，二是计算方法正确性的复核，即从宏观上和微观上分别着手。总体指标上的合理性检查，如检查钢筋用量时先要检查其用量指标是否与经验中的用量指标接近，如果不是，就要详细检查其钢筋用量计算图表、计算公式。如进行注浆量检查时，应判断注浆量与空间的关系，如果注浆量明显超过待填加固空间的，就应从现场等其他方面检查其合理性。

9）提供完整有效的合同变更支持材料。合同变更过程中涉及到的所有会议纪要、文件、函件、图纸都是合同变更所需的重要支持材料，承销、建设业主必须随时加以收集整理并纳入档案管理中，防止因经办人员变动而丢失。

在如何收集、提供支持材料的认识上，现场管理人员与合同管理人员的理解不同，有时会影响到支持材料的正常收集，对此应加以注意。现场管理人员因为天天在工地一线处理现场管理问题，认为自己对变更情况了如指掌，而往往会忽视对支持材料的严谨性和完整性的要求，他们习惯于一次次地当面解释，未能意识到应通过支持材料来直截了当、明白无误地告知变更审查人员有关变更的原因及其中的因果关系，而且，当审查人员要求增加说明材料时往往被认为是多此一举。所以，现场管理人员一定要学会将脑海中的变更印象与支持材料上反映的变更印象加以区分，必须让支持材料自身把变更问题说明清楚，而不是通过现场管理人员的话语把问题讲清楚。尤其是政府工程项目须经过政府的层层把关，如果支持材料本身不能清楚反映问题，恐怕是无法通过政府审批的。

10）变更合同的签订。合同变更申请经建设业主批准后，在是否应签订变更合同的问题上存在着两种意见：一种意见认为不需签订变更合同，凭批准的变更申请直接办理合同支付，这样的程序比较简单，省去了办理合同的时间；另一种意见认为应签订变更合同，规范变更管理。作者建议应尽量按第二种意见及时签订变更合同，因为变更管理的首要关注点是不能出错，其次才是效率。签订变更合同至少可以解决以下问题：①在大型工程建设管理中变更情况较为复杂，有些变更仅是金额变更，而有些变更不但有金额变更，还有其他的权利义务变更约定，需要签订变更合同。如果不是全部签订变更合同，那么在办理合同款项支付时就会出现两种支付标志，一种是凭经过批准的变更申请资料办理，另一种是凭变更合同办理。这样，财务部门会难于分辨到底哪个变更该用哪种方式支付，从而容易给财务管理带来混乱，失去财务把关作用。②一般变更申请资料上盖的只是项目部的章，如果授权管理不到位的话，其法律效力就不及原合同。如果不签订变更合同，日后双方出现异议时可能否定该合同变更，尤其是双方更换主管领导或经办人员后这种情况更容易发生。

5．工程结算及财务决算

合同工程竣工后，双方须依据合同约定，按实际完成工程量及合同约定的结算原则确认已完成工程的最终价格（大型市政工程最终还须经政

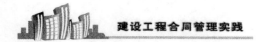

府部门审批），这就是工程结算的概念；在整个项目竣工、双方完成合同工程结算后，要确认财务实际支付情况及移交项目资产清单，这些就是财务决算的工作范围。由此可知，工程结算与财务决算的区别，在于前者只是对工程实际完成价格的确认，后者则是包含了双方在工程结算及财务账务、资产移交方面的总的确认情况。财务决算经政府审计后，是正确核定新增固定资产价值、反映竣工项目建设成果的文件，也是办理固定资产交付使用手续的依据。

合同工程完成后，由承包商整理结算报审资料提交建设业主审批，经双方同意的结算将是双方合同的最终结算依据（大型市政工程须由政府审批）。结算资料包括：①工程结算审批表（业主提供的）；②工程结算说明、计算表；③合同书及其补充协议、变更协议等；④工程量计算书；⑤完成进度确认表；⑥变更审批表；⑦业主签证、业主及监理指令；⑧会议纪要。

承包商应按照合同约定时间及时向业主报送结算资料。结算资料的依据必须充分，应能直接说明结算的来由，条理清晰，各项审批有效。同时，资料应符合业主的授权管理规定，属于业主法定代表人权限的必须经其签字确认，属于现场代表权限内的由其签字确认。合同变更务必在结算之前完成，否则会影响到结算的正常开展。

在结算阶段常见的问题是结算资料的后补问题，工期越长的工程后补问题越多。大型工程工期有数年之久，期间因政策变化，使得原来可通过审批的手续可能会变成不规范手续，需按新的审批要求补办；因经办人员调动、职位变动等原因，工作交接不全造成资料丢失，需补办，等等。而手续、资料的补办，势必花费大量的人力物力，而且不一定都能补齐。

所以，只要是达到结算条件的必须抓紧办理结算，不能拖延；在各个管理环节上产生的各类正式文件、资料必须纳入档案管理，不得丢失；需借用的必须办理档案借用手续，用完退还；正式文件资料不宜由个人保管，尤其是政府批准核发的各类资格证、许可证等。

建设工程项目财务决算工作主要由财务部门负责，其他部门配合。需要相关部门提供的文件、资料及配合的事项如下：①初步设计概算及其批复文件；②竣工决算日确定的批复文件；③竣工财务决算报表中"概况表"的相关经济指标；④竣工建设项目竣工决算日时点所有合同清单及结算书台帐，包括与其他单位合建、与其他建设项目共同签订的合同；⑤概算内、外项目的确定及含概算外项目合同的费用分摊原则的确定。

竣工财务决算的最终成果如下：

1）建设项目竣工财务决算报表。主要有：①封面；②基本建设项目概况表；③基本建设项目竣工财务决算表；④基本建设项目交付使用资产总表；⑤基本建设项目交付使用资产明细表。

2）竣工财务决算说明书。主要包括以下内容：①基本建设项目概况；②会计账务的处理、财产物资清理及债权债务的清偿情况；③基建结余资金等分配情况；④主要技术经济指标的分析、计算情况；⑤基本建设项目管理及决算中存在的问题、建议；⑥决算与概算的差异和原因分析；⑦需说明的其他事项。

6. 合同结束

在合同项目竣工验收、双方完成工程结算、财务决算、保修期满、结清质保金及所有款项后，双方全部的权利义务均已完成，合同就正式结束了。为了明确合同的结束标志，应在最后支付保修金时双方以书面方式确

认合同正式结束，双方在各自的合同台帐上做好相关记录。将已结束的合同台帐正式标上合同结束的标志并移入结束台帐中，将合同资料建立卷宗，正式归档，以方便日后查询。

对于因非正常原因停滞、中止的合同，合同管理人员应督促相关业务部门提交非正常停滞、中止合同的详细情况说明，包括合同现状、停滞原因等，并收集好相关的证明资料，建立相关档案，以防止万一合同长期停滞下去会产生一摊管理烂账，给后来的经办人员带来难以估计的困难。

7. 尾工工程管理

在大型市政工程项目中，到结算日为止仍未启动、未完成的附属工程，将列入尾工工程中继续实施，另行结算。尾工工程一般控制在概算的5％内，尾工工程清单须经政府主管部门批准，尾工工程的管理与监督按政府的授权执行。

8. 经济担保与保函

在建设工程合同的签订及履行过程中有多处需要承包商做经济担保，如投标保证金、履约保证金、预付款保证金及质量保修金等。经济担保的目的都是为了让建设业主防备因承包商的失信行为而无端承受经济利益损失的风险。这是因为在工程建设各个环节上，建设业主与承包商的权利义务并非时时对等，必须借助经济担保手段予以平衡。如在合同生效后，建设业主须向承包商支付预付款，而此时承包商未履行过任何义务。如果承包商失信不继续履行合同，建设业主将承担预付款损失（因履约保证金担保额小于预付款额，不能有效保证预付款安全），故建设业主要求承包商提交经济担保作为预付款的保证措施。但在支付工程进度款时，由于承包商已经实施完成了相应的工程任务，其义务与权利基本对等，故无需提交任何担保。

在实际操作上，为了最大程度地减少承包商的资金压力，一般不是让承包商直接向建设业主缴交现金做为经济担保，而是充分利用承包商在银行的信用，由承包商所在银行向建设业主开具不可撤销的保函做为担保。一旦承包商在保函担保期限内违约，银行接到建设业主的违约支付请求后，就要无条件地将保证金直接支付给建设业主，以兑现担保承诺。因保函既对承包商有利，又不增加建设业主的风险，在工程建设中得到了广泛应用。但须注意，保函的担保效力不应低于现金担保效力，至少应与现金担保的效力相当，这样才不至于损害建设业主的权利。因此，应参照现金担保效力来设置保函的担保条件。

在用现金作经济担保时，由于钱在建设业主手上，主动权在建设业主一边，故其主要特点是：①不可撤销；②无条件担保；③无条件兑现。

当用保函代替现金作担保时，保函应同样具有上述现金担保的特点，建设业主才乐意接受保函担保方式。但在实际操作中，承包商经常以各种理由限定保函的生效条件、限定担保成立条件及限定担保兑现条件，使保函担保的效力大大降低，这就严重偏离了保函担保的本意，导致建设业主不接受保函担保，这样，最终还是承包商的利益受损。所以，为了确保保函的担保作用相当于现金担保，保函内容、保函管理应从以下几方面来体现：

1）保函的担保对象必须具体明确。以工程合同（主合同，下同）为担保对象的，要写明正确的合同名称、合同编号及担保金额。在向银行申请开具保函时应提供工程合同原件，确保合同名称一致。有些承包商为了

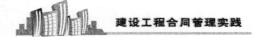

早点开出保函，在工程合同未签订的情况下，凭招标文件的名称去办理保函，使得保函担保的合同名称与实际工程合同名称不相同，严重的可能会影响到日后索赔。

2）保函生效条件要可控。一般保函生效的条件以盖了银行法人公章为准。除此之外，如果保函还要求必须经银行代表签字才生效的，应予以拒绝。因建设业主无法确认签字人是否是银行的有效代表，除非银行同时提供签字人的有效身份证明。

3）保函不可撤销性。保函必须承诺，一旦保函成立生效，担保责任就不能因任何原因、任何条件而被撤销，除非是建设业主的意思表示，或是已经期满，或是已经承兑完毕。

4）保函无条件兑现。保函必须承诺，一旦建设业主向担保银行正式表示承包商已违约，要求银行承兑时，银行不得以任何理由、借口拖延或拒绝承兑支付。既不能以需要核实违约事实真相为理由，也不得以征求承包商的意见为理由拖延或拒绝支付，更不能讨价还价、只作部分支付。

保函必须承诺以现金承兑，以保证资金流通性。不得以其他的抵押物品来承兑，因其流动性差，变现能力不强，而且市场价值涨跌起伏，价格不够明确。

5）设定有效的担保时间。履约保函的有效担保时间必须涵盖从合同生效时间（或保函开具时间）至工程竣工验收结束的时间，再外延至一定的办理手续时间（一般是一个月）。由于大型工程项目的建设工期无法准确估计，而担保银行是要求一定要写明具体的到期时间点的，因此工期只能是大体估算，期满前双方再视工程的进展情况确定是否需要办理保函的延期担保手续。预付款的担保时间则是以建设业主支付了预付款开始，至建设业主从承包商的工程款中完全扣回预付款时结束。而设备采购的预付款担保是至设备到货验收合格为止，分批到货的，可相应分批递减其担保责任。具体操作是由建设业主出具同意递减的函件，厂商凭此函件与担保银行办理递减手续，减少担保费用开支。

6）明确约定担保主合同的修改不必经担保人同意。按照担保法第二十四条规定：债权人与债务人协议变更主合同的，应当取得保证人书面同意，未经保证人书面同意的，保证人不再承担保证责任。保证合同另有约定的，按照约定。

具体来说，按照担保法的规定，担保合同所担保的主合同（如工程合同）内容的任何改变是必须经过保证人（即银行）同意的，否则保证人不承担保证责任。但在建设工程项目中，合同变更经常会有，如果任何合同变更都必须经银行同意是不切实际的，这样会明显增加合同管理的难度及办理时间，大幅降低工程管理效率，这是建设业主、承包商都不乐意看到的。从担保管理的责任来看，担保银行只是依据保函的承诺负责担保管理而已，并不承担最终的担保风险，因此银行不可能也不应该在批准合同变更事项上作出任何决定。如果合同变更后合同双方不要求改变保函内容的，则银行仍是按原来的保函约定履行管理责任，银行不会因合同发生了变更而增加任何责任风险；如果合同变更后需加大（或减少）担保金额的，承包商（委托人）将与银行重新协商办理增加（或减少）担保手续，银行也不会因此而增加责任风险。总而言之，无论合同如何变更，银行都不会产生新的管理风险，因此担保银行确实没有必要审查建设业主与承包商之间的每一个合同变更事项，只要是承包商认可的变更，担保银行就可以认可，这样将大大简化担保管理工作量。因此，在保函中应明确约定：主合同的任何变更，都不需要经保证人同意。

7）保函的延期。由于原保函的担保工期是估算的，并不准确。当实际工程工期即将超期前，保函担保期限应相应延长，以确保保函担保责任连续有效。因此保函中应明确，担保工期期限需延长的，银行应予支持。但实际情况是，部分担保银行总是坚持要经其审批后才能开具延期保函，假如银行真的不同意延期的话，保函担保将中断。对此，建设业主、承包商都应引以重视，及时采取其他措施补救，可以从别的银行处开具延期保函，或者给建设业主承诺，同意从未付工程款中扣下担保金做担保。

8）保函验证。履约保函是劳保金支付的前提条件，预付款保函是预付款支付的前提条件。如果保函有假，则所付款项就得不到任何的保障。所以判断保函的真伪是保函管理的非常重要的工作，在实际操作中，可委托某家银行有偿负责保函的真伪验证。建设业主收到保函并复核内容无误后，统一送委托银行进行验证，银行以书面函件方式反馈验证结果。在此过程中，建设业主务必加强与银行的沟通，验证结果只能由建设业主派专人领回并加以保管，防止调包、产生意外。

9）保函的有效期管理。建设业主必须充分重视保函的有效期管理，派专人定期检查保函的到期情况，对即将到期的保函进行预警，提醒业务部门及时处理。对于即将到期的保函，需延期的要尽快督促承包商办理延期保函或更换其他担保方式（如用现金方式）继续担保。一旦保函期满，失效变成一张废纸，建设业主就会失去索赔的权利。

10）保函索赔。当承包商未认真履行合同，出现违约情况使得建设业主需要索赔时，建设业主只需向担保银行开具书面索赔通知函件，在函件中指明承包商已经违约，说明建设业主的索赔金额并随同保函原件一并提交给担保银行即可。保函中的担保金额是建设业主累计索赔的上限。现实中一般都是一次性全额索赔。

11）保函原件退还。保函期满后担保功能失效，建设业主已不能凭失效的保函进行任何索赔，因此保函原件应退还承包商，以便承包商与担保银行办理销案手续。承包商向建设业主提交退保函的申请（最好是按建设业主的表格），写明退保函的理由并附上支持材料复印件，再附上保函复印件，经建设业主审核后可退还保函原件。

9. 合同索赔

违约方因其违约行为造成守约方经济损失的，守约方要求违约方做相应的经济补偿，这就是合同索赔。在合同中，大到工程质量、进度、投资管理，小到具体的提交资料、通知送达等都有具体的约定，违反约定的都有可能引起合同索赔。由此可见，合同索赔的优点是可以有效约束合同对方认真履行合同约定，但其不足是管理工作量很大。尤其是大型工程项目，施工时间长，双方的责任交织在一起、互相影响，要界定责任方往往很不容易，要花费很多的精力和时间。

所以，合同索赔管理宜抓大放小，如果事无巨细、一律按索赔处理，一方面有"索赔出效益"的嫌疑，会大大降低合同双方的合作信任感；另一方面极有可能走向为了索赔而索赔的极端。比如在通知送达这件事上，如果为了及时送达通知，可能会有部分通知是考虑欠周的，是匆匆忙忙发出去的，对解决问题并没有实质性的作用；如果是为了实实在在地解决问题而发通知，则有些通知可能已过了合同约定的期限。所以，在合同管理中不应过分纠缠于通知是否及时送达上，而更应该放在双方自觉地及时沟通、及时发现问题和解决问题上。就算所有通知都及时送达了也不意味着问题就能得到解决，因为二者不是完全的因果关系。过分强调通知的及时送达并进行索赔的话，到头来可能只是一直纠缠在合同文字上。

第五章　合同文本的编写

　　编写工程合同的目的，不但是要给合同管理人员看，更是要给工程现场管理人员及各级管理人员看，这是合同双方现场管理的基本依据。工程合同的内容，实质上是合同双方建设管理理念、管理思路与管理要求的具体体现。一份好的合同，总是针对性强、适用面广、履行顺利、产生纠纷少；而一份差的合同，主要是思路不清、主次不分、针对性不强、纠纷繁多、适应性差。合同的编写，一定要立足全局、不避风险、简洁明了，至少要使现场管理人员看得懂、记得住、便于执行。在此，作者将自己从多年合同管理经验中总结出的一些编写体会写出来与大家分享，抛砖引玉，希望能对读者有所启发。

1. 合同文本的结构

　　归纳来说，一份合同的文本结构从功能上主要分为三大部分：①正常实现部分；②风险处理部分；③合同冲突处理及生效条件部分。

　　正常实现部分主要约定在正常条件下双方做什么、如何做的内容。如标的、质量、数量、价格、工期或交付时间、交付地点、款项支付条件与方法等约定。如果不发生任何风险，双方按此约定即可顺利完成各自的权利与义务，实现签订合同的目的。此部分主要是操作上的具体约定，要逻辑关系严谨、因果关系对应、表述清晰无歧义、不漏细节、可操作性强。

风险处理部分按其产生原因，又可细分为两部分，一部分是因不可抗力或第三方原因引起的风险的处理，称为客观风险处理部分；另一部分是因合同双方的任一方原因引起的风险的处理，称为合作方风险处理部分。客观风险处理部分主要约定合作双方在外部风险（不可抗力、第三方原因等）发生时双方的处理原则与方法。因为在合同履行期间，谁也无法保证不会发生任何风险，所以在合同中必须预先有相应的应对措施。一旦风险发生，双方都能胸有成竹、应对自如，而不致于使合同的履行陷入停滞状态。而且，在风险未发生前，双方更能够理性而公平合理地设置风险的应对措施，否则在风险发生后才讨论风险的处置，双方就很难在利益损失的事实面前冷静地处理事件。

由于客观风险涉及面广泛（比如战争、骚乱、地震、洪水、暴风雨、雷电、交通、供水供电、地质灾害等），各风险发生的概率差别又很大，灾害影响程度也有大有小，各风险影响的重要性各不相同，因此不可能也没有必要在合同中列举出所有的风险，通常只要列出发生概率大的和影响重大的风险的处理方法即可，其他风险一般只是作原则上的处理约定，万一发生了风险，双方再结合合同约定的处理原则及实际情况另行协商解决。

合作方的风险处理部分主要约定合作双方内部产生违约风险时的处理方法。此部分风险产生的原因包括了合作方主观上与客观上的原因。主观上造成的风险包括达不到质量要求、未按期交付、拖欠款项等，使得合同未能按约定履行；而客观上造成的风险，包括破产、资质降级或取消资质等，使得合同不能继续履行。但在风险处理上，无论是因主观上还是客观

139

上的原因发生的，最终还是会归咎于合作方的原因。在合同谈判之初，双方十分融洽的合作气氛之下，一般大家都不愿提到这些不一定发生的风险，或是仅仅将此部分的合同条款简单地规定一下，而一旦发生风险，却开始争论当初合同上为什么没有具体的处理约定。

合同冲突处理及生效条件部分，是约定当合同双方对合同约定有分歧或在合同履行中发生矛盾时应采取何种途径解决，比如是进行协商、调解、仲裁还是诉讼。合同生效条件约定是指合同是在双方签字盖章后即时生效，还是待某条件成立后才生效，如房屋买卖合同中是以产权过户登记手续作为合同生效条件的（须注意，合同未生效不等于合同无效，这是经常会混淆的概念）。

由此可知，以上三部分内容共同构建了一份完整实用的合同。如果正常实现部分写得不好，则是一份有根本性瑕疵的合同，无论如何都不能顺利履行；如果风险处理部分写得不好，则该合同的适用性较差，稍有点阻碍，合同就会履行不下去；而合同冲突处理及生效条件部分则是明确了合同的法律效力及合同冲突的解决途径，考虑在最坏情况下对问题的处理。

2. 合同文本的易读性

由于合同文件是具有法律效力的文书，因此合同文件应非常严谨，最起码它应该具有意思表示简单明了、内容一致无矛盾、字迹清晰无修改的基本特点。而在现在广泛推广的工程合同范本中，基本都是由协议书、通用合同条款和专用合同条款三部分组成的，作者将其称为三部曲文本，不过，它并不具备上述法律文书的全部优点。协议书只是简单概括双方的承诺，并签名盖章；而通用合同条款是厚厚的工程管理的通用性要求，一般

是不需要修改的；专用合同条款则是专为本项目特点而写的，用于修正、补充通用合同条款的管理要求。当专用合同条款的约定与通用合同条款的约定不同时，以专用合同条款的约定为准。也就是说，在三部曲文本中，要了解整个合同的完整意思表达，必须是将三部分的约定合起来理解，并且还要去掉通用合同条款中与专用合同条款矛盾的地方。因此，三部曲文本的意思表达前后有矛盾，必须反复对照通用条款与专用条款的约定才能了解其真正的意思表示，易读性并不好。

为什么这要将一个完整的合同分解成三部分来表示，以致造成阅读、修改上的困难呢？作者虽然没有考证过其真正原因，但估计与传统的打字方式有关。国际上广泛使用的菲迪克合同条件第一版是在 1957 年颁布的，1977 年第三版发行后才获得了国际上的广泛认可和推荐；而个人计算机是在 20 世纪 70 年代末、80 年代初才开始发展起来，因此，初时的合同文本都是使用传统的打字机打印的，合同文本不易修改，不像现在的电脑编辑那么方便。为了减少文印中的打字、修改工作量，人们将基本不变的合同内容设成通用条款，而将随项目变化的合同内容设成专用条款，从而在每次签订合同时只编写专用条款即可，这在当时不失为提高文印效率的好方法。

但是，在当今电脑已被广泛使用、文字修改和印刷已经非常便捷的条件下，作者建议应将三部曲文本合三为一，用一个文本来完整地表示合同意思，不必再分通用与专用合同条款，对于原则性的不宜修改的和可以修改的部分可通过设置不同的文字颜色来区别指引。这样的合同文本在使用上既可保持原通用与专用的功能特点，又能使最终合同文本的形式完整而统一、逻辑清晰、意思表示严谨、文本中不再有相互矛盾的条款，如此，才真正称得上是严谨清晰的法律文书。

3. 面对合同使用对象而写

面对不同合同使用对象写出的合同文本其厚薄程度明显不一样，在这一点上，国外合同文本与国内合同文本的差别最为明显。作者接触过的外国合同文本，其特征就是厚厚的一大本，各项约定十分详尽，连外行都能明白其意思表达，因此其合同是针对普通对象而写的。但对于工程建设管理人员来说，他们是行内人员，已经非常了解行内的基本常识，所以他们会觉得这种描写过于详细的文本很繁复，不容易阅读，不容易直接抓住合同的重点，也不容易迅速找到相关内容。如果合同中对于行内常识性的内容少写或不写，重点写本项目中特殊的、个性的内容，则合同文本虽然薄了许多，但简单明了、重点突出，这样的合同对行内人员而言，质量并不差。

因此，我们不能以合同文本的厚薄评判合同文本的优劣，应比较的是合同有效信息量的多寡，并且，这些信息必须是对行内人员有效、有益的才行。

4. 同一项内容只在一个地方表述

我们编写招标文件、合同文件时常犯的毛病是同一项内容在不同地方反复表述、反复强调。如招标文件有招标公告、投标须知、合同条款、工程量清单、技术条件等部分，由不同部门编写，结果我们时常见到"工程概况"、"合同范围"的内容分别写在招标公告、投标须知、合同条款、技术条件中；在投标须知、合同条款中都会说到"投标保证金"、"履约保证金"的内容；在技术条件、工程量清单中会同样说到"计量"的内容，等等。此种反复表述的最大弊病是当情况变化、需要修改时，编写人员往往会顾此失彼，在这部分修改完后就忘了应在其他部分做相同的修改，致使同一个问题在不同文件里面有不同的解释，招标文件本身自相矛盾，特别是在仓促编写时更是如此。因此，编写人员一定要养成良好的编写习惯，即同一项内容只在某一个地方表述，如"工程概况"只在技术条件部分中表述，"合同范围"只在合同条款中表述，"投标保证金"只在投标须知中表述，等等。其他部分若需要用到只能是引用，而不是直接表述，这样就可从根本上杜绝招标文件、合同文件的相互矛盾问题。

5. 合同权利义务贯穿全文

在一些小型项目的简易合同中，除了标的、承包范围、支付条款外，合同双方在管理上的所有责任与要求都在专门的"双方权利义务"章节中表述，包含了从工程准备、报建、现场管理、支付到工程竣工验收的全过程重点管理内容。这是一种特殊的浓缩型合同形式，适用于对合同管理要求不高的小项目。

但在大型建设工程合同中，由于对合同管理的要求高，合同内容已经按照各个管理阶段展开来详细表述了合同双方的权利义务，如前期管理、报建管理、施工管理、支付管理、验收管理等，合同双方的权利义务已经贯穿全文，因此合同中就不必再设立"双方权利义务"的章节，这样既避免了合同内容的重复，又防止了合同内容的约定产生矛盾。

6. 多条件语句的表达

在语句中涉及到两个、三个或更多约束条件时，应清楚表达约束条件是如何生效、产生作用的。如：

投标人授权代表未签名的、法定代表人未签名的、未加盖法人公章的，标书无效。

上述语句中有三个约束条件，但这样写使人弄不清楚是三个条件同时出现时标书无效还是任一个条件出现时标书无效。建议改成：

标书出现下列情况之一的，标书无效：

1. 投标人授权代表未签名的；

2. 法定代表人未签名的；

3. 未加盖法人公章的。

这是任一个条件出现时标书都无效的表达方式。如果必须是三个约束条件同时出现才无效的，则最好表达为：

标书同时出现下列情况的，标书无效：

1. 投标人授权代表未签名的；

2. 法定代表人未签名的；

3. 未加盖法人公章的。

7. 法律环境是客观存在的

合同双方的所有行为都应是在法律规定下的依法活动，合同约定不得违反法律规定，否则无效。因此，合同中不必对双方的法律行为做任何约定。如：

合同双方必须自觉遵守国家法律、行政法规的相关规定……

这句是典型的正确的废话，对合同约定无任何的实质意义。

又如，关于有效投标人应达到三人及以上的问题，个别人会在招标文件中写成：

如果本次开标时投标人少于三个的，依据《中华人民共和国招标投标法实施条例》第四十四条第二款"投标人少于 3 个的，不得开标；招标人应当重新招标"的规定，本次招标失败，招标人重新招标。

上述表达虽然没有原则性的问题，但不够简明扼要。其实招标文件只要讲清如何做即可，不需要讲这样做的原因与依据。招标人应该把法律法规的相关规定融入招标文件的具体规定中，以招标文件的结果方式体现法律精神。作者建议将上述句子写成：

如果本次开标时投标人少于 3 个的，本次招标失败，招标人重新招标。

建设工程合同管理实践

8. 原则与具体并举

为了清楚表述合同的意思，合同中经常会用到原则说明和具体个例说明。原则说明是用于表述某类问题的，概括性强，适用范围大，但清晰性不足。如前述的"客观风险"概念，代表的是客观原因引起的所有风险，但读者并不一定清楚这指的是什么。而个例说明是用于表述某个具体的问题，如"地震"、"洪水"等，意思明确，但没有总的概念，无概括性，而且合同中不可能通过一一列举来说明某一类问题。所以，合同中为了表述清晰而不拖沓，应是原则说明与具体个例说明相结合。在一个条款中，先是用原则说明总的处理原则，再用有限的个例说明具体解释，如经常用到的"包括但不限于"的说法。这样可增强对原则说明的理解，又能加深对具体应用的认识。如：

所有合同款项支付前乙方须向甲方提交等额正式发票，包括但不限于预付款、进度款。

上述"款项支付前……提交等额正式发票"是原则约定，后面"预付款、进度款"是举例说明"所有款项"的含义。

9. 有限与无限

在合同表述中常犯的错误是用有限的意思去表达无限的对象，使得意思表达总是有缺陷，满足不了要求；或是用无限的意思去表达有限的责任，无形中扩大了自身的责任。比如以食品安全为例，假设目前人们知道

146

食品中常加的添加剂 A、B、C 是不安全的，会危害到人们的健康，因此写出的条文是：

> 不得在食品中添加 A、B、C 添加剂。

虽然这样的写法解决了添加 A、B、C 添加剂的问题，但明天、后天市场上可能又会出现添加 D、E、F 添加剂的问题。也就是说，今天认识到添加 A、B、C 添加剂有害的问题是有限性质的，而添加添加剂的行为会一直下去，是无限性质的问题。人们要解决的正是无限的违法添加行为的问题，而不单单是制止添加 A、B、C 添加剂的问题。如果用上述的表述法，就会使法律总是落后于现实，这样是永远解决不了添加剂问题的。建议表述如下：

> 食品中不得添加任何物质，法律法规允许的除外。

这样就能保证市场上的任何食品要添加什么物质都先要经过法律允许，法律就不会被钻空子了。

同样道理，需要在合同中做承诺、保证时，这些往往都是有限性质的，须注意不能用无限性质的语言表述，否则就变成无限性质的责任了。如：

> 保修期内乙方负责小区合同项目所有设备的日常维修，除 A 栋电梯外。
> （注：这里的乙方指我方）

上述条款的问题是因小区项目很大，合同关系很复杂，乙方未必真正

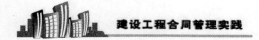

清楚是否真的除 A 栋电梯外所有设备都应负责维修，存在不合理扩大自身责任的风险。建议改成：

保修期内乙方负责小区合同项目中电梯（A 栋电梯除外）、扶梯、发电机、抽水泵的日常维修。

这样用自己了解清楚的有限方式表述，就不会一不小心扩大自身责任了。

10. 二维与一维

当表达的内容是单个对象时，一般是依时间顺序或条件顺序来表述，称为一维表达方式。如合同预付款的支付约定：

甲方收到乙方的有效履约保证金后 20 天内，一次性向乙方支付预付款。

但当表达的内容是多对象时，由于存在不同对象之间的不同组合情况，所以用一维表达方式时要特别注意不要漏了某个组合。如委托给某设计院的小区设计合同，可能是包含了住宅楼、学校的全部设计和商业楼的施工图设计，而商业楼的装修设计将另行委托。由于各个项目的委托设计范围、深度不同，因此必须针对各个项目进行具体描述。作者将此类需表示项目范围和各个项目深度的方式称为二维表达方式。关于上述的小区委托设计任务，作者建议将小区工程的合同范围理解成一个平面，纵向是各个项目，横向是各个项目的委托范围或深度，表达为如下内容：

1．乙方负责自编 A、B、C 栋住宅楼、小学的施工图设计及装修设计；

2．乙方负责商业楼的施工图设计（装修设计由甲方另行委托）。

11． 隐性与显性

在合同中用明文表示的约定是显性约定；在合同中没有约定但在国家法律法规、行业规范标准中有约定的是隐性约定。显性约定违反隐性约定的，可能会是无效约定；显性约定不清的，将可能按照隐性约定执行。因此，合同管理人员除了应了解合同约定外，更应熟悉法律法规、规范标准的规定，避免合同出现无效约定的情况。如：

1）担保法第二十一条规定：

保证担保的范围包括主债权及利息、违约金、损害赔偿金和实现债权的费用。保证合同另有约定的，按照约定。当事人对保证担保的范围没有约定或者约定不明确的，保证人应当对全部债务承担责任。

按此规定，在保证合同（保函）对担保范围没有约定或约定不明确时，法律上是由保证人承担全部债务责任的，这就是保函中的隐性约定。

2）合同法第六十一条规定：

合同生效后，当事人就质量、价款或者报酬、履行地点等内容没有约定或者约定不明确的，可以协议补充；不能达成补充协议的，按照合同有关条款或者交易习惯确定。

合同法进一步在第六十二条中明确了质量要求不明确的，按照国家标准、行业标准履行；价款或者报酬不明确的，按照订立合同时履行地的市场价格履行；履行费用的负担不明确的，由履行义务一方负担，等等。由此可见，交易习惯、惯例做法都是隐性约定。

12. "实"与"虚"

从前文内容可知合同文本可分成三部分：正常实现部分、风险处理部分、合同冲突处理及生效条件部分。正常实现部分是合同管理中经常要用到的、接触到的部分，看得见摸得着，称为"实"；风险处理部分及合同冲突处理部分则是不一定发生的或发生的概率极小，称为"虚"。在风险意识强的人的脑海中，"虚"是忧患意识，而在风险意识弱的人看来，"虚"是杞人忧天。因此，在合同实际管理中，更多的是重视"实"，轻视"虚"；用心于"实"，敷衍于"虚"。一旦风险变成险情、虚事件变成实事件后，双方就会因合同中语焉不详而闹纠纷，麻烦也接踵而来，现实中，这样的教训并不少。所以，合同编写时必须是"虚"、"实"并重，把"虚"当"实"来写，才会立于不败之地。

13. 数量与质量

数量、质量二者不仅都是合同的主要要素，他们之间还存在着依存关系。质量是数量的前提条件，数量是质量的累加表现，无质量要求的数量是无用的。因此，在合同中表述数量时，一定要清楚质量要求是否已清晰，对方从合同上能否看清楚具体的质量要求，千万不要寄希望于对方应该知道、不会不知道的侥幸心理上。

14．价格与承包方式

价格要素与承包方式也是存在关联关系的。在工程结算、合同变更中计算费用时必须考虑承包方式，不同的承包方式其费用不同。因此，在工程量清单中，每个分部分项项目都应对应其承包方式。如果只是在单位工程或整个项目工程上约定承包方式，那么，在具体操作上将因约定深度不够而无法执行。

15．系数与基数

在按工程形象进度支付工程款项的方式中，不同时期计算应付款项的基数是不同的。在支付预付款、进度款时是按合同暂定价作为基数计取的，而在支付结算预留金、质量保修金时则是按合同的终审价作为基数计取的。在处理工期延期违约责任时，是以合同总价为基数计算承包商的违约金的，因为工程延期的后果是影响到工程总体效益的发挥；而业主延期支付款项的违约责任，是按应付未付部分款项为基数进行计算的，因其影响只在于此部分。

由上可见，系数的取值总是与计算基数相对应，在合同中约定系数取值时，必须清楚、明确其基数对象或定义。

16. 奖与罚

我们在合同中讨论设置工期奖罚条款时，最常听到的是"奖罚对等"、"有奖有罚"。如果"有罚无奖"则会被认为不公平，这实在是一个误区。从合同的权利义务对等方面来看，当承包商按期按质完成合同项目后，其报酬就是合同价款，无奖无罚，双方的权利义务是对等的；当承包商做出了额外努力使工期提前了，业主给予额外奖励，也是权利义务对等的；而当承包商管理不力、耽误了工期，业主对其予以罚款，同样也是权利义务对等的。所以说，奖励与处罚二者并不存在必须对等的理由，真正需要考虑的是任一方的权利与义务是否对等，付出与获得是否对等。